U0160111

The Pocket Book of

BIRD 鸟类

ANATOMY 类

一 切 为 了 飞 行

［英］玛丽安·泰勒　著

Marianne Taylor

王瑞卿　黄晓清　译

湖南科学技术出版社

·长沙·

图书在版编目（CIP）数据

鸟类：一切为了飞行 /（英）玛丽安·泰勒著；王瑞卿，黄晓清译 . — 长沙：湖南科学技术出版社，2023.3
书名原文：The Pocket Book of Bird Anatomy
ISBN 978-7-5710-1963-1

Ⅰ . ①鸟… Ⅱ . ①玛… ②王… ③黄… Ⅲ . ①鸟类—普及读物 Ⅳ . ① Q959.7-49

中国版本图书馆 CIP 数据核字 (2022) 第 228588 号

著作版权登记号：18-2022-194

NIAOLEI：YIQIE WEILE FEIXING
鸟类：一切为了飞行

著　　者：[英] 玛丽安·泰勒
译　　者：王瑞卿　黄晓清
总 策 划：陈沂欢
出 版 人：潘晓山
策划编辑：乔　琦　宫　超
责任编辑：李文瑶
责任美编：殷　健
特约编辑：曹紫娟
营销编辑：王思宇　许东年
版权编辑：刘雅娟
装帧设计：李　川
图片编辑：李晓峰
特约印制：焦文献
制　　版：北京美光制版有限公司
出版发行：湖南科学技术出版社
地　　址：长沙市开福区泊富国际金融中心 40 楼
网　　址：http://www.hustp.com
湖南科学技术出版社天猫旗舰店网址：
　　　　　http://hukjcbs.tmall.com
邮购联系：本社直销科 0731-84375808
印　　刷：北京华联印刷有限公司
版　　次：2023 年 3 月第 1 版
印　　次：2023 年 3 月第 1 次印刷
开　　本：635 毫米 ×965 毫米 1/16
印　　张：14
字　　数：200 千字
书　　号：978-7-5710-1963-1
定　　价：78.00 元

目录

前言

今天，世界上生活着约 1 万种鸟类，小至体重仅 2 克的吸蜜蜂鸟（*Mellisuga helenae*），大至重达 110 千克的非洲鸵鸟（*Struthio camelus*）。每一块大陆上都有独特的原生鸟类，它们生活在各种各样的栖息地——从沙漠、冰盖到最茂密的森林。其中有破纪录的高空飞行者，也有挑战死亡的深海潜水者，有恐怖的杀手，也有最忠诚的爱侣。尽管鸟类的多样性如此丰富，但它们的解剖结构却非常一致，每一只鸟都表现出显而易见且毋庸置疑的鸟类特征。

作为地球上唯一幸存的恐龙，鸟类有着漫长的演化史，它们今天的多样性是鸟类原型成功的证明。鸟类原型最早出现在约 1.5 亿年前，在此之前，已经出现了长羽毛的恐龙。羽毛是一个重大的演化突破，它能让动物保持体温，从而在更恶劣的气候中生存。而正是前肢及羽毛进一步演化成具有飞行能力的翅膀，让鸟类最终得以起飞。

飞行为鸟类带来了大量机遇，这是那些只能在地面生活的动物无法企及的——最明显的是快速长途旅行的能力，以及在高大树梢、悬崖峭壁和偏远岛屿等人迹罕至之处觅食和筑巢的能力。然而，飞行是有代价的——事实上，代价不菲。鸟类必须维持一定的功重比，才能使飞行不仅成为可能，同时还具有足够的能量效率，以便为自己提供飞行所需的能量。这意味着鸟类所有的身体结构都要尽可能轻，同时也要特别坚固，以承担飞行带来的压力。

因此，与体型相似的哺乳动物和爬行动物相比，典型飞鸟的解剖结构要大幅度精简。它们的骨骼数量更少、体积更小（但更强壮），它们的肌肉（除了那些用于扇动翅膀的肌肉）更为纤细，它们消化食物和处理废物的过程更加高效。鸟类生活在接近身体极限的快节奏环境中。为了适应这样的生活，它们拥有大而复杂的大脑，有些鸟类的智力可以媲美最聪明的野生哺乳动物。鸟类的高智力意味着它们会发展出丰富的社交活动，

⊙ 猫头鹰的感官十分敏锐，能让它们在几乎完全黑暗的环境中定位并瞄准猎物

形成复杂的社会关系。正是出于社交的原因，它们演化出了自然界中最鲜艳的色彩，最婉转多变且悦耳动听的声音。

那些不会飞的鸟类长得最不像鸟。所有不会飞的鸟类都有会飞的祖先，但它们演化出自己独特的生活方式，在其他方面极致的适应能力抵消了不能飞行的缺憾：企鹅比其他鸟类潜得更深、更久，鸵鸟是跑得最快的两足动物，几维鸟的嗅觉几乎是无与伦比的。

这本书探索了各种鸟类从卵到成体的解剖结构。从骨骼到皮肤，从呼吸到循环，从繁殖到消化，从思维到运动，我们探索鸟类所有内部系统的结构和运作。通过这一探索，我们认识到鸟类是一个完整的系统，一台通过演化磨炼出来的自然机器，它生生不息，让人一见难忘、叹为观止、心醉神迷。

⊼ 企鹅虽然不会飞，但它们能在水下用翼来推动，比其他任何鸟类的潜水时间更长、深度更深

⊻ 啄木鸟的头骨具有杰出的减震功能，以减轻它们在用喙凿木时所承受的应力

1

祖先和演化

　　鸟类是幸存至今的恐龙，数千万年的化石记录讲述了它们从强大的兽脚亚目恐龙家族中脱颖而出的历史，今日鸟类的身体中也保留着祖先的痕迹。

- 演化树
- 兽脚亚目
- 早期鸟类

- 消失的怪鸟
- 趋同演化
- 今日的演化

▷ 孔子鸟，来自中国的化石鸟类，生活在约1.2亿年前，大小与乌鸦相仿，拥有突出的翼爪和没有牙齿的喙

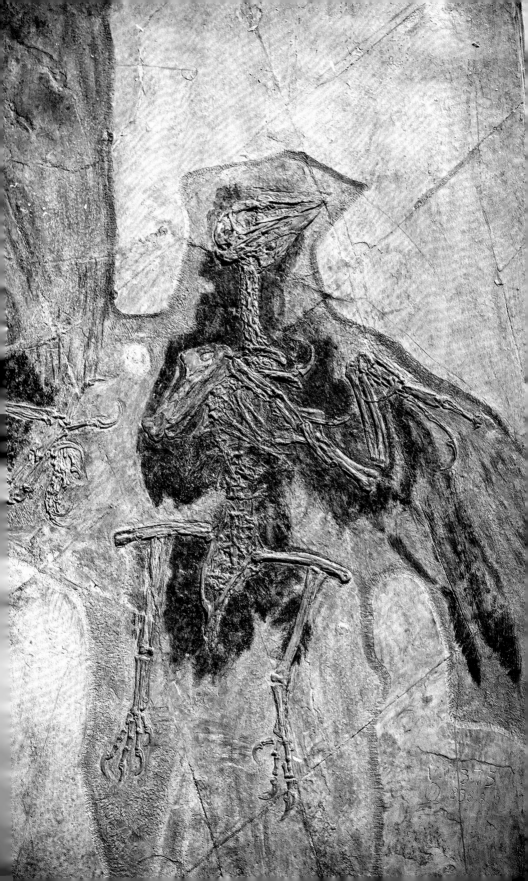

演化树

鸟类是脊椎动物且有四肢，这意味着鸟类像人类和其他哺乳动物、爬行动物、两栖动物一样，属于四足动物。

化石记录表明，最早的四足动物可以追溯到4亿年前。尽管在外行人看来，它们跟其他鱼类没什么区别，但它们不仅有鳃还有肺，它们胸鳍和腹鳍的结构正在发生变化，可以支撑身体的重量，并推动它们在陆地上行走。此时，地球的陆地表面已经成为一系列植物和昆虫的家园，其中包括第一批飞行昆虫。大型动物登上陆地的时机已经成熟，世界也正从泥盆纪晚期的大灭绝中恢复过来，这次发生在约3.6亿到3.7亿年前的大灭绝导致了生物多样性的大规模丧失，其中海洋生物受创尤其严重。

最早的四足动物即便能在陆地上自由移动，但依然需要把卵产在水中。到了3.12亿年前，早期爬行动物出现了。它们是第一批羊膜动物，这类动物产下的卵具有坚固的外壳，可以在陆地上生存和孵化。除了不透水的卵，它们还具有其他防止体内水分流失的适应性特征，如干燥且厚实的皮肤、效率更高的肺和肾。

随着时间的推移，一些四足动物失去了两条或全部四肢。蛇、鲸和蠕虫状两栖类蚓螈都是这样的例子，它们不再具有四肢，但都是由具有四肢的祖先演化而来，其内部解剖结构保留了祖先留下的四肢的痕迹。

蜥形类的支系

到3亿年前，这些最早的爬行动物已经分化成两个主要支系——蜥形纲（恐龙、鸟类和现代爬行动物的祖先）和合弓纲（哺乳动物的祖先）。鳄鱼和恐龙（包括鸟类）属于蜥形纲的一个分支——主龙形下纲（Archosauromorpha），而现代蛇和蜥蜴则属于另一个分支——鳞龙形下纲（Lepidosauromorpha）。现代有壳爬行动物（龟及其近亲）的世系仍未完全厘清[1]。

主龙形下纲最早出现在约2.6亿年前，从那时起，它们就迅速分支，形成丰富的多样性，尽管其中大多数分支注定无法存活到现代。在约2.3亿年前的三叠纪晚期，其中一个支系主龙类（Archosaura）分化为两个支系——伪鳄类（Pseudosuchia）和鸟跖类（Avemetatarsalia）。鸟跖类的物种包括翼龙和许多大众熟知的恐龙，如

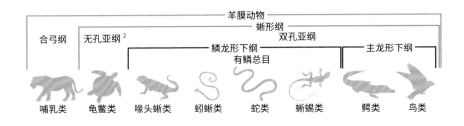

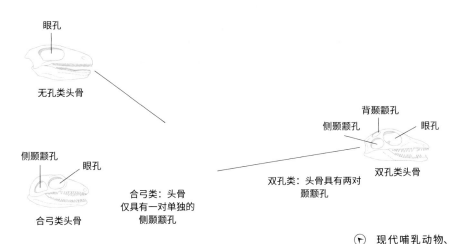

（右）现代哺乳动物、爬行动物和鸟类之间的演化关系

梁龙和其他颈部修长的蜥脚类恐龙，三角龙及其角龙类近亲。此外，鸟跖类还包括霸王龙、迅猛龙等两足兽脚亚目恐龙，这一支系最终演化出鸟类。然而，发生在约 6600 万年前的白垩纪 - 古近纪大灭绝事件消灭了其中大部分物种，现代鸟类则是鸟跖类幸存至今的唯一支系。

伪鳄类是鸟跖类的姐妹支系。这一支系包括各种各样的爬行动物，但其中大多数都在约 2 亿年前的三叠纪 - 侏罗纪大灭绝中灭绝了，如今幸存的只有

鳄、短吻鳄和它们的近亲。

伪鳄类和鸟跖类最早的成员之间最明显的差异在于踝关节的骨骼结构（鸟跖意为"鸟类的踝关节"），但它们各自沿着截然不同的路径演化，最终幸存下来的现生后代形态变得大相径庭，以至于很难相信它们的关系是如此密切。

1. 过去曾认为龟鳖类是很早就从蜥形纲分化出来的原始支系，但目前的研究认为它们也属于主龙形下纲，但不属于鳄鱼和恐龙所在的主龙形目。
2. 现代龟鳖类的头骨上没有颞颥孔，所以曾经被认为属于无孔亚纲。但现在的研究表明龟鳖类的颞颥孔是在演化过程中闭合的，应为主龙形下纲的一支，无孔亚纲并不存在。

兽脚亚目

通过化石分析，我们对兽脚亚目恐龙的解剖结构有了越来越多的了解，我们想象中的兽脚类恐龙已经从一种直立、笨拙、行动迟缓的有鳞蜥蜴，演变成了一种长着羽毛、动作优雅、移动迅速、整体上更像鸟类的动物。

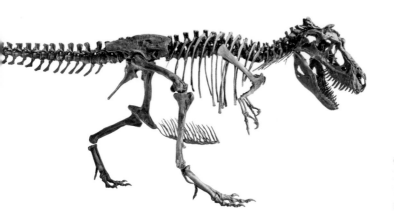

ⓣ 霸王龙，最具标志性的恐龙，值得注意的是，其足部骨骼结构酷似鸟类

大多数兽脚亚目恐龙是食肉动物，它们是有史以来体型最大的陆生食肉动物。生活在约6700万年前的成年霸王龙，从鼻端到尾尖可长达12～13米，可能重达8吨。它凭借强有力的后腿，以躯干接近水平的姿势移动，借助又长又粗的尾巴来保持平衡，用它巨大的双颚捕捉并杀死猎物。另一个众所周知的特征是，和它整体的庞大体型相比，它的前肢显得非常小。虽然是陆地掠食者，但它部分身体上长有纤细的羽毛[1]，还拥有强壮且部分中空的骨骼——这是所有兽脚亚目恐龙的共同特征。

其他更像鸟类的兽脚亚目恐龙包括似鸟龙，它们体型更小，身体更轻，前肢长且部分被羽，后腿也很长。它们头部小，可能是食草动物，生活方式类似现代的鸵鸟，借助三趾的大脚迅速奔跑。

手盗龙类支系

包含现代鸟类的兽脚亚目支系是手盗龙类。早期手盗龙是一类体型较小、解剖学特征有别于其他兽脚亚目恐龙的动物。它们前肢很长，末端仅有三指，与其他恐龙不同的是，它们拥有胸骨，而不是由软骨构成的胸板。手盗龙支系下许多类群拥有先进的羽毛类型，包括柔软的绒羽，以及可以用于飞行的细长的翼羽和尾羽。某些手盗龙类恐龙可能具有真正的飞行能力，例如始中国羽龙

各大洲不同年代的代表性兽脚亚目恐龙化石记录				
	化石物种	发现年代	发现地点	生活年代
北美洲	霸王龙 *Tyrannosaurus rex*	1900 年	美国怀俄明州东部	6850 万～6550 万年前
	霍利约克快足龙 *Podokesaurus holyokensis*	1910 年	美国马萨诸塞州，波特兰组地层	1.74 亿～1.64 亿年前
南美洲	卡氏南方巨兽龙 *Giganotosaurus carolinii*	1993 年	阿根廷巴塔哥尼亚	9960 万～9500 万年前
欧洲	印石板始祖鸟 *Archaeopteryx lithographica*	1861 年	德国索伦霍芬	1.55 亿～1.5 亿年前
亚洲	蒙古伶盗龙 *Velociraptor mongoliensis*	1923 年	蒙古戈壁沙漠	9900 万～6500 万年前
	顾氏小盗龙 *Microraptor gui*	2003 年	中国辽宁	1.25 亿～1.2 亿年前
非洲	埃及棘龙 *Spinosaurus aegyptiacus*	1912 年	埃及，拜哈里耶组地层	9900 万～9350 万年前

属（*Eosinopteryx*）恐龙，它们拥有长而有力的翅膀和尾羽。某些手盗龙类还具有四只翅膀，如小盗龙（*Microraptor*）和长羽盗龙（*Changyuraptor*），其前肢和后肢都长着用于飞行的羽毛。

生活在约 1.6 亿年前的非鸟类手盗龙家族——擅攀鸟龙（Scansoriopterygidae）拥有长而有力的带爪的第三指，支撑着肉质翼膜，就像蝙蝠的翅膀一样。这表明它们可能生活在树上，在树枝间攀爬和滑翔。

伶盗龙（*Velociraptor*）是一种生活在约 7500 万年前的鸟支系手盗龙，其体型、结构和估算的重量表明它是营地面生活的。不过，伶盗龙的前肢长有相当长的羽毛，当它竭尽全力奔跑时，可能会拍打前肢以提供额外的动力，捕杀猎物时也可能借助"翅膀"来保持稳定。

兽脚亚目是一个高度多样化的恐龙类群，最早出现于 2.3 亿年前，并以鸟类的形式存活到今天。我们已经将超过 1100 块兽脚亚目恐龙化石归为不同的物种，而今天我们识别出的鸟类超过 1 万种。鉴于化石通常非常罕见，在兽脚亚目漫长的演化历史上，曾经出现过的兽脚类恐龙物种数很可能比这两个数字的总和还要多很多。

---

1. 霸王龙属于暴龙类。成年的大型暴龙是否有羽毛尚未有定论，大部分证据支持没有羽毛的观点。目前确定长有羽毛的暴龙类恐龙为帝龙和羽王龙，较大的羽王龙也不过 9 米长，1.4 吨重，远小于文中提到的身长体重范围。

ⓒ 伶盗龙是一种体态轻盈、前肢被长羽并生有巨爪的兽脚亚目恐龙

早期鸟类

没有一套简单的标准可以让我们明确地将一种特定的手盗龙归类为"真正的"鸟。从典型的爬行类体型到更像鸟类的体型的转变是一个渐进过程，尽管从演化的角度来看，这一变化过程有时相对较快。

我们无法肯定地把任何一种史前兽脚亚目恐龙确认为现代鸟类的祖先——无论它多么像鸟，但是，我们可以通过对化石的研究，看到现代鸟类特征是如何逐渐出现的。最著名的"鸟类"化石是始祖鸟，它生活在约1.5亿年前，科学家在今德国南部地区发现了几块保存完好的化石。始祖鸟全身被羽，翅膀和尾羽发达，可能拥有一定的飞行能力，其保存完好的化石明确无误地显示出鸟类的轮廓。然而，它长长的尾巴由约20块独立的尾椎骨组成，这更像爬行动物，而非鸟类，它的尾羽沿着尾巴的长轴生长，就像蕨类植物的叶子一样。现代鸟类没有骨质尾，它们的尾椎愈合成一个小的三角形骨板，被称为尾综骨，支撑着扇状的尾羽。始祖鸟还拥有其他非鸟类特征，如完全发育的锋利牙齿，胸骨上没有脊或龙骨突，翅膀弯曲处有三个突出的爪状指。

在19世纪发现始祖鸟化石之前，科学家从来没有发现过这样的动物。它的一些特征更像鸟类，如发育完全的羽毛、锁骨愈合而成的叉骨或愿骨，以及部分扭转的第一趾。这些特征曾经被认为根本不存在于恐龙身上，但后来在一些兽脚亚目恐龙甚至非兽脚亚目恐龙身上也发现了类似的特征。尽管如此，通常情况下，始祖鸟仍被认为是真正的（即使是原始的）鸟类，而不是类似鸟

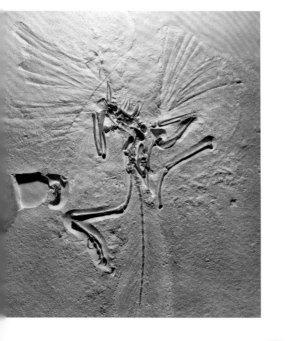

ⓒ 这具始祖鸟化石的前肢羽毛保存完好，这些羽毛毫无疑问地表明这种生物拥有能够飞行的翅膀

⊙ 这具鱼鸟（*Ichthyornis*）的骨骼显示出与现代鸟类的整体相似性，但请注意它倒勾的牙齿，这让它能够牢牢抓住它的鱼类猎物

类的恐龙[1]。

已知的 11 件始祖鸟标本非常相似，因此大多数古生物学家把它们都归为一个物种——印石板始祖鸟（*Archaeopteryx lithographica*），它拉丁名的第二个单词意为"写在岩石上"。

现代鸟类的迹象

白垩纪时期（距今 1.4 亿—6600 万年）的化石显示，早期鸟类演化出各种不同的种类，其中一些会飞，另一些则不会飞。其中一个重要类群是反鸟类（Enantiornithes），它们的肩关节连接方式与现代鸟类相反，导致其飞行方式也跟现代鸟类有所不同。这些鸟也拥有牙齿和带爪的翅膀，但已经演化出了尾综骨和扭转的后趾，在很多方面类

似于现代鸟类的趾。

它们的解剖结构也向着现代鸟类的方向发生进一步的变化，包括从骨质尾到尾综骨的变化，前肢指的减少，以及牙齿的消失。其他白垩纪晚期的鸟类包括像鸥一样的鱼鸟（*Ichthyornis*），它有鸟一样的喙，但在上下颌中部保留了一些锋利的牙齿；还有像潜水员一样的大型鸟类黄昏鸟（*Hesperornithes*），它是一种不会飞的捕鱼鸟类，拥有小而锋利的牙齿和退化的翅膀，在水中用脚推进。所有这些物种都在白垩纪-古近纪大灭绝事件中消失了，但它们的一些近亲幸存下来，并在古近纪和新近纪演化出现代鸟类。

---

1. 目前研究者们通常认为始祖鸟属于基干鸟类，但徐星等人认为始祖鸟属于恐爪龙。

消失的怪鸟

在约 6600 万年前的白垩纪 – 古近纪大灭绝中，恐龙以及其他许多陆地和海洋动物灭绝了。在接下来的几千年里，幸存下来的鸟类和哺乳动物迅速扩散并分化，承担了曾经由恐龙扮演的生态角色。

尽管单个物种存续的时间很少能超过 100 万年，但这一时期演化的一些支系存活到了今天。那些来来去去的鸟类包括许多曾与人类生活在同一时代的非凡物种。化石记录中出现的最早的鸟类类群之一是古颚下纲（Palaeognathae）——平胸类和鹬[1]。鹬是一种体型较小、飞行能力较弱、看起来像鸡的鸟类；而平胸类大多是体型庞大、不会飞的鸟类，包括现存最大的鸟类——鸵鸟。这些鸟类的共同特征之一是没有龙骨突。

最早的平胸类至少在 5600 万年前就出现了，它们可能起源于欧亚大陆，然后扩散到大洋洲、非洲和新大陆。已灭绝的平胸类包括马达加斯加的象鸟（隆鸟科 Aepyornithidae），体重超过 500 千克。新西兰曾经生活着

ⓘ 早期鸟类的重量级物种——驰鸟（Dromornis），它扮演着与犀牛和大象等哺乳动物相似的生态角色

ⓥ 一些不会飞的灭绝鸟类的相对大小。左起：巨恐鸟、象鸟、驰鸟、古冠企鹅和异嘴鸭

4 米

3 米

2 米

1 米

9 种恐鸟，其中包括有史以来最高的鸟类——身高超过 3.5 米的巨恐鸟（*Dinornis*）。那里还生活着世界上最重的鹰——重达 15 千克的摩氏隼雕（*Hieraetus moorei*，俗称哈斯特鹰），它会猎杀较小的恐鸟。在 12 世纪至 13 世纪，随着人类开始进入这些鸟类的栖息地，所有这些物种都开始走向灭绝。

现生鸟类的祖先

体型与象鸟相似的还有澳大利亚的"魔鬼鸭"[2]——驰鸟，它看起来像平胸类，但却是现代雁鸭类祖先的亲戚。像平胸类一样，它用两条强壮的腿奔跑，而且是植食性——相当于鸟类中的"大型食草哺乳动物"。异嘴鸭是一种笨重的、不会飞的鸟类，长着巨大的锯齿状喙，也与现代鸭类有亲缘关系，它是夏威夷群岛上最大的食草动物。驰鸟在约 3 万年前就灭绝了，但是异嘴鸭一直幸存到公元 124 年之后，直到人类占据夏威夷。

企鹅是另一支古老的鸟类支系[3]，最早出现在约 6200 万年前，并在接下来的 3000 万年里迅速多样化。其中最引人注目的物种是卡氏古冠企鹅（*Palaeeudyptes klekowski*）。这种鸟拥有长矛状的喙，至少高 1.6 米，可能重达 115 千克。

桑氏伪齿鸟（*Pelagornis sandersi*）是一种令人印象深刻的掠食性海鸟，它翼展达 6.4 米，喙中长满尖尖的伪齿，生活在 2500 万年前的北美洲。唯一一种翼展能与之匹敌的鸟类是阿根廷鸟（*Argentavis magnificens*），这是一种大型食腐鸟，生活在约 700 万年前的阿根廷地区。桑氏伪齿鸟长得像现代的信天翁，但却与雁鸭类关系最为密切；阿根廷鸟则是现代美洲鹫的近亲。

今天，只有少数不会飞的大型鸟类幸存下来，但其中包括一些非常成功的物种，如非洲的两种鸵鸟和分布在南美洲大部分地区的两种美洲鸵。

---

1. 鹬其实也属于平胸总目，和"平胸类"亲缘关系很近，但有不发达的龙骨突，并非完全没有龙骨突。
2. 魔鬼鸭是英国电视游戏节目《机器人战争》中的一个角色，它是一个巨大的，涂成黄色和橙色的机器人。这个节目于1998 年至 1999 年在 BBC 二台播出。
3. 很长一段时间内，人们认为企鹅属于一个单独的支系，被称为楔趾总目。但最近的研究表明企鹅属于新鸟小纲水鸟演化群，和鹱、信天翁等亲缘较近。

⊕ 巨恐鸟的身高几乎是人类平均身高的两倍

趋同演化

在人类最早尝试对自然界进行分类时，我们把蝙蝠和鸟类放在一起，并把鲸和鱼类归为一类。虽然它们的相似之处显而易见，但其中一些只是表面现象。

随着对演化的过程有了更深入的了解，我们开始认识到，生活方式相似但没有亲缘关系的动物类群通常也会通过不同的途径演化出某些相似的解剖结构，这种现象被称为趋同演化。趋同演化的例子存在于不同的鸟类家族之间，也存在于鸟类和其他动物类群之间。的确，有三个现代动物类群——昆虫、鸟类和蝙蝠独立演化出了动力飞行的能力。第四个类群——已灭绝的翼龙，是最早演化出飞行能力的脊椎动物，这一支系也产生了有史以来最大的飞行动物。这四个类群都拥有可运动的翼来产生升力，而且它们的体重比在陆地上生活的同类要轻得多。

在三类会飞的脊椎动物中，前肢演化成了翅膀，拥有宽大、坚固而且兜风，但却非常轻的翼面，可以用来聚拢并推动空气。对于蝙蝠和翼龙来说，这个翼面是从翼尖到脚尖的皮肤膜（翼膜），而对鸟类来说则是分层排列的羽毛。与其他大多数四足动物相比，鸟类和翼龙除了一根指以外，其余所有的指都缩小了，这根延长的指构成了翅膀前缘的一部分，而蝙蝠所有的指都大大延长并伸展，为翼膜提供了更好的支撑。鸟类的呼吸系统包括气囊和中空骨骼中

⌄ 蝙蝠和鸟类，海豚和鱼类，尽管它们的演化历史大相径庭，但它们表现出明显的相似之处

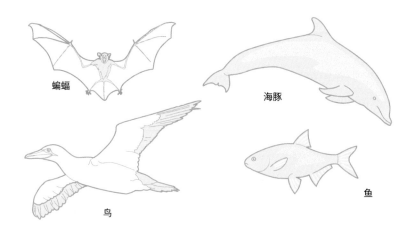

蝙蝠

海豚

鸟

鱼

ⓐ 尽管雨燕和燕的演化史完全不同，但它们的体型和生活方式非常相似

ⓐ 企鹅和北极海鹦（*Fratercula arctica*）没有亲缘关系，但它们都演化出了在水下用翅膀推进的能力。然而，只有海雀科的北极海鹦保留了飞行的能力

的充气空间，翼龙也是如此，但蝙蝠缺乏这些适应性的变化。

在没有哺乳动物的地区演化出的鸟类，经常以各种各样的方式利用其他地区由哺乳动物占据的生态位。新西兰的几维鸟不会飞，身体粗壮，嗅觉灵敏，鼻孔靠近喙尖，其生态位就与刺猬等在森林下层嗅闻猎物的夜行性陆生哺乳动物相似。

共同特征

不同鸟类家族间的趋同演化司空见

惯。著名的例子包括雨燕和燕，它们都专门捕食飞虫。它们身体呈流线型，飞得很快，喙小而宽，具有嘴须。雨燕与蜂鸟有亲缘关系，而燕是鸣禽，与百灵和莺类关系更密切。在海鸟中，企鹅和海雀没有亲缘关系，但表现出惊人的趋同特征：它们是深潜的捕鱼者，能在水下用翅膀推进，在陆地上行走笨拙，但在水中行动自如。与企鹅不同的是，海雀保留了飞行能力，除了最像企鹅的海雀——大海雀（*Pinguinis impennis*），它在 19 世纪被猎杀致灭绝。

岛屿特有种

自然选择塑造了生物种群，使其在环境中发挥最佳功能，并利用特定的生态位。在动物类群非常有限的环境中，比如偏远的小岛，我们发现了一些极端适应的例子。

飞行是几乎所有鸟类都具备的特征，它让鸟类能够逃离众多捕食者，并轻松抵达它们要去的地方。然而，为了能够飞行也需要承受相应的代价：飞翔的鸟儿必须保持低体重和一定的身体比例；宽大的翅膀使其在地面上移动不便；较小的体型和较高的能量需求使其很难保持身体热量；每年都要长出一整套大型飞羽会大量消耗体内资源。这些代价以及其他挑战都是与维持能够飞行的身体相辅相成的。因此，如果一种鸟类只生活在一个小岛上，也就是岛屿特有种，能够以岛上所拥有的资源为生，并且无须躲避捕食者，那么它就有可能向着失去飞行能力的方向演化。

失去飞行能力的秧鸡

在陆生鸟类中，秧鸡科（秧鸡和田鸡）是唯一一个拥有许多不会飞成员的陆生鸟类大科。秧鸡科有约 142[1] 个物种，其中 20 种不会飞，这些不会飞的鸟类里有 16 种（80%）是岛屿特有物种，生活在历史上没有捕食者的小型或中型岛屿上。而在能够飞行的 122 种里，只有 5% 是岛屿特有种。自 1500 年以来，约有 30 种秧鸡科鸟类已经灭绝，它们几乎都是不会飞的岛屿特有种。

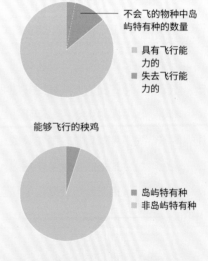

秧鸡科的飞行能力

— 不会飞的物种中岛屿特有种的数量

■ 具有飞行能力的
■ 失去飞行能力的

能够飞行的秧鸡

■ 岛屿特有种
■ 非岛屿特有种

1 随着分子技术的发展，研究者将很多亚种提升为种，目前的分类系统认为秧鸡科共有 167 种（IOC12.1）。

ⓐ 新西兰不会飞的南岛秧鸡是秧鸡科中最大、最重的成员

因此，在没有捕食者的岛屿上，那些特有鸟类倾向于减弱飞行能力，增强行走能力，体型也变大（岛屿巨人症）。这使得它们能量效率更高，维持生存和生活所需的能量更少。这样的例子包括新西兰的一些物种，如南岛秧鸡（*Porphyrio hochstetteri*）和鸮鹦鹉（*Strigops habroptila*）——这两种不会飞的鸟都是它们各自家族中格外庞大而沉重的成员。

鲜为人知的岛屿特有物种还有皮岛苇莺（*Acrocephalus vaughani*），这是南太平洋岛屿特有的几种苇莺之一。由于岛上缺乏捕

⌃ 大多数已知的水鸡属（*Porphyrio*）成员都已灭绝或濒临灭绝，只有紫水鸡（*Porphyrio porphyrio*）在旧大陆仍然分布比较广泛

食者，这种苇莺许多个体的飞行能力有限，而且体型比它们那些分布更广的近亲更大。皮岛苇莺是岛上唯一的本土鸣禽，它们部分白变（由基因突变引起的随机的白色羽毛斑块）的概率很高——在有天敌的鸟类中，白变特征往往会很快被"清除"。

意想不到的捕食者

岛屿特有物种虽然很好地适应了它们的环境，但面对偶发事件，如极端天气和非本土捕食者的入侵，它们非常脆弱。渡渡鸟（*Raphus cucullatus*）原产于毛里求斯，是一种不会飞的大鸽子，当人类（以及狗、猪和老鼠）来到岛上，它很快就被捕杀殆尽。许多其他岛屿的特有种也以同样的方式灭绝，剩下的几乎所有特有种都需要采取严格的保护措施才能生存下去。

⌃ 新西兰的鸮鹦鹉不会飞，是世界上最重的鹦鹉，重达 4 千克

今日的演化

从本质上讲，演化是永无止境的。通过淘汰最难以存活的个体，让"最适应"的个体存活下来并把它们的基因传递给下一代，自然选择塑造了动物种群的解剖结构、生理特征和行为习性，从而让它们更好地在相应环境中生存下去。

随着环境的变化，物种也在一代接一代地适应，只要环境变化不是太快——如果太快，那么更可能发生的是灭绝而不是适应。这个过程通常是极其缓慢的，但有时也会突然加速，甚至在我们的生命周期内就可以观察到。当一个物种突然面临新的机会时，我们可能会观察到一种被称为适应辐射的现象。众所周知，加拉帕戈斯群岛上就曾出现过这一现象。这些火山岛在地质上还很年轻，真正适合动物生活的时间仅有 160 万年。群岛上生活着为数不多的陆生鸟类，其中包括 15 种似燕雀的唐纳雀，它们都很相似，但适应的栖息地和生活方式略有不同。它们的区别主要体现在喙的形状上——一些种类的喙较厚，以便压裂种子，而另一些的喙较薄，适合食虫。对加拉帕格斯地雀的研究帮助查尔斯·达尔文构想了他的进化论——他得出结论，这些物种都来自一个较近的共同祖先，它不久前才来到加拉帕戈斯群岛，并经历了相对快速的适应辐射，分化出不同的支系占据那些可用的生态位。

Ⓐ 英国庭院中的鸟类喂食器正在帮助推动黑顶林莺的演化

演化中的黑顶林莺

当一个物种的两个群体开始出现差异，这有时可能是物种分化的开始——一个物种变成两个（或更多）。这一过程正发生在黑顶林莺（*Sylvia atricapilla*）身上，这种莺在北欧和东欧繁殖，冬季迁徙到伊比利亚和北非。20 世纪 60 年代，英国的观鸟者注意到，在当地越冬的黑顶林莺数量不断增加。环志研究（用独特的脚环标记野生鸟类，以便将来识别个体脚）显示这些越冬的个体是

⊙ 大地雀（*Geospiza magnirostris*）以种子为食，是所有加拉帕戈斯地雀中喙最大的一种

⊙ 仙人掌地雀（*Geospiza scandens*）的喙尖而强壮，适合从加拉帕戈斯常见植物刺梨仙人掌上获取种子和果实

⊙ 拟䴕树雀（*Camarhynchus pallidus*）可能是最著名的加拉帕戈斯地雀。它会探查树洞寻找昆虫，也会用仙人掌的刺作为工具来捕获猎物

⊙ 与其他加拉帕戈斯地雀相比，以昆虫为食的莺雀（*Certhidea olivacea*）的喙更小更细

从东欧迁徙而来的。一个单一的基因突变使这些个体的迁徙方向从西南转向西北，把它们送到了英国。这一新的特性迅速在整个种群中传播开来，因为英国是一个非常适合鸟类越冬的地方（部分原因是，这里许多人会在冬天为庭院中的鸟类提供食物）。

现在，东欧的黑顶林莺种群根据越冬地的不同被分成了两个不同的群体，而在英国越冬的个体开始显示出不同的解剖特征，因为它们更好地适应了新的冬季家园和略有不同的冬季饮食。它们翅更短、羽毛更偏棕色，而且喙更细，以适应更多样化的饮食，而那些在非洲和伊比利亚越冬的个体冬季主要吃果实，喙也更粗。在英国越冬的个体也强烈倾向与其他在英国越冬的个体交配，因为它们回到繁殖地的时间稍早于非洲越冬个体，所以这两个群体开始产生生殖隔离——这是演化的强大驱动力。

变异和自然选择

基因突变和自然选择的过程驱动着演化。这是生物群体适应环境的方式，随着时间的推移，这一过程可能导致它们解剖结构和生理机能发生变化，有时也导致行为习性的变化。

生物的身体是依据基因的指令建造的。这意味着基因的变化（突变）产生了各种各样的身体结构和行为，但"决定"个体是繁荣还是失败的是自然选择。当地球上出现可自我复制的生命时，自然选择就开始发挥作用了。并非所有生物体都是势均力敌的，那些机能较差的个体就不太可能延续下去。早期生命只通过一个细胞分裂成两个细胞来进行繁殖。后来，有性繁殖出现了，两个生物体将彼此的基因结合，并产生携带双方混合基因的后代，这些后代的性状也同样具有父母双方的特征。随着种群中基因多样性的增加，自然选择的速度也会加快。

Ⓐ 在一群典型的野鸽子身上观察到的一系列羽色颜色差异都与遗传突变有关

细胞分裂

生物体的每一个细胞都携带着同样一套成对的染色体，每一条染色体都是由 DNA 分子构成的，并携带着成百上千个基因。一个细胞在分裂为两个细胞（有丝分裂）的过程中，所有染色体都会进行复制，从而产生一套新的拷贝，因此当它分裂时，两个"子细胞"的 DNA 与原始细胞完全相同——但实际上，复制过程中经常出现小的错误。

在形成卵子和精子之前，它们的前体细胞要经历两次分裂，这一过程被称为减数分裂，与有丝分裂略有不同。在第一次分裂中，复制后的染色体的某些部分会相互交换位置，从一对染色体中的一条转移到另一条上，然后每对染色体各自分离，分配到两个子细胞中。再经过第二次分裂，最终，每个子细胞只能获得每对染色体中的一条。这意味着当一个卵子和一个精子相遇时，它们各自为每对染色体提供 50% 的 DNA。由此产生的胚胎具有来自父母双方的随机组合的基因，以及在此过程中因错误而产生的任何新的突变。

适者生存

因此，在有性生殖的生物种群中，没有两个个体拥有完全相同的基因，整个种群的基因多样性极其丰富。并非所有个体都能生存并繁殖后代，只有那些最适应环境的个体才能将自己的基因延续下去。如果环境条件发生变化，适合生存的最佳性状也会随之改变。有时，在一个种群中，两种不同的生活方式都是成功的，自然选择就会导致分化——从一个物种分化成两个物种。当生物面临新的机会或是新的生存挑战时，演化发生得最快。

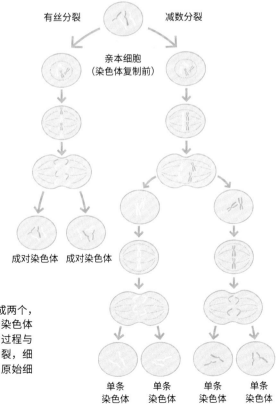

有丝分裂　　　　　　　　　减数分裂

亲本细胞
（染色体复制前）

成对染色体　成对染色体

单条
染色体　　单条
染色体　　单条
染色体　　单条
染色体

⊙ 标准的细胞分裂是一个细胞分裂成两个，即有丝分裂。这一过程始于细胞全套染色体的分离和复制。而形成精子和卵子的过程与有丝分裂有所不同——这就是减数分裂，细胞一分为四，每个子细胞都获得来自原始细胞的半套染色体

细胞生物学

细胞是组成动物身体的活的、有功能的基本单位，了解细胞生物学的基础知识有助于从整体上理解动物的解剖结构。

每个细胞都是一台微型机器，根据它们的类型和在体内的位置，执行不同的任务。虽然细胞之间也会互相交流，但至少在某种意义上，它们是自我调节的，有些细胞几乎完全独立于其他细胞来移动和运作。大多数细胞是微观的。人体最大的细胞是卵子或者说卵细胞，直径 0.1 毫米，而严格意义上来说，鸟卵的卵黄是一个巨大的单一细胞。

一个典型的动物细胞是一袋液体（细胞质），包裹在半透性的细胞膜内——它允许某些分子自由通过，或在特定条件下从特定位置通过。进入细胞的分子是细胞发挥功能所需要的，而分泌到细胞外的分子则是在细胞中产生，并输送到身体各处（通常通过循环的血液）以发挥其他功能。细胞质中含有细胞器——具有特定功能的更小的结构。

在显微镜下，最明显的细胞器是细胞核——它看起来像一个圆形的黑点。一些大的细胞有多个核。细胞核的功能是以 DNA 的形式储存基因。每个基因都是制造某种特定蛋白质的"配方"，而每一条包含数千个基因的完整 DNA 链就是一条染色体。每个细胞核都包含一套完整的染色体对，这些染色体对在人体的每个细胞中都是相同的。染色体的数目因物种而异，但在鸟类中，大多为 38 或 40 对。

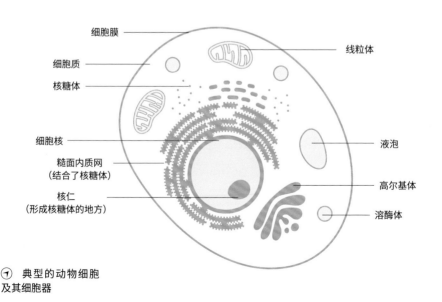

细胞膜 —— 线粒体

细胞质

核糖体

细胞核

糙面内质网
（结合了核糖体）

核仁
（形成核糖体的地方）

液泡

高尔基体

溶酶体

ⓝ 典型的动物细胞
及其细胞器

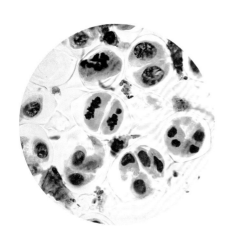

（←） 显微镜下正在分裂（有丝分裂）的动物细胞

细胞的新陈代谢。它们有自己的膜和 DNA，以便自主制造它们执行功能的过程所需的蛋白质。

细胞内的其他结构还有中心体、高尔基和溶酶体，中心体的功能是协助细胞分裂，高尔基体能将新形成的蛋白质包裹在膜中，以便转运分泌到细胞之外，溶酶体则能分解细胞质内的废物。

当一个细胞一分为二时，分裂的过程始于细胞核。首先，染色体需要复制一套新的拷贝，再被分配到细胞核的不同部分。然后，细胞核分裂，每一半保留一套完整的染色体，细胞的其余部分则围绕着每个新的细胞核分离开来，产生两个完全相同的新细胞。例外的是产生新的精细胞和卵细胞时，它们各自只得到半套染色体。

核糖体是一种小的细胞器，可以在细胞质中自由移动，也可以与一种被称为内质网的膜结合，内质网与细胞核的膜相连。核糖体的功能是根据细胞核中基因的指令制造蛋白质。

线粒体是香肠状的细胞器，通过有氧呼吸从葡萄糖（和其他一些营养物质）中释放能量，并具有某些其他功能，包括调节整个

细胞的形态变化

虽然大多数细胞接近圆形，但根据位置和功能的不同，细胞形态也会发生变化。精子细胞有长长的、像鞭子一样的鞭毛或尾部，从而能够游泳，尾基部有许多线粒体提供运动所需的能量。神经元或神经细胞有一个长而窄的延伸（轴突）来传递神经冲动。骨骼肌细胞又长又窄，包含精密组织的蛋白质链，这些蛋白质链可以在不同的位置打破并重组相互之间的结合，从而使肌肉收缩。吞噬性白细胞呈圆球状，但柔软而有弹性，能够显著扭曲其细胞膜以吞噬其他细胞。

骨骼

为了飞行，现代鸟类演化出的最重要的适应性特征之一，就是一副极其精简但依然极为坚固的骨骼。

- 鸟类的骨骼
- 头骨
- 翼的骨骼
- 后肢骨骼
- 骨骼的变化
- 显微镜下的骨骼

▷ 鸟类骨骼的特征主要在于颈锥和腿骨，以及特有的龙骨突，它的飞行肌肉就固定在龙骨突上

鸟类的骨骼

大多数飞行鸟类的生活节奏都很快，这对它们的身体要求很高。坚固的骨架是必不可少的，为了飞行，鸟类的骨骼还需要足够灵活、足够轻盈。

实心骨骼的密度约为每立方厘米1.6克，比肌肉（每立方厘米1.06克）、脂肪（每立方厘米0.9克）或血液（每立方厘米1.04克）的密度都大得多。尽管鸟类的实心骨密度实际上比同等体型的哺乳动物要更高，但鸟类的骨骼拥有许多明显利于减重的特性。

鸟类骨骼中最引人注目的可能是脖子和腿的长度，即使是那些我们认为相对短脖子短腿的鸟类，比如猫头鹰，它们颈椎和腿骨的长度也超乎预期。这说明鸟的羽毛在很大程度上掩盖了它真实的身体轮廓，尤其是在休息的时候。

鸟类骨骼与其他四足动物骨骼的明显区别还包括没有一连串的尾椎，也没有牙齿。尾椎骨数量减少，成为愈合且大大缩短的尾综骨。由于牙釉质非常致密（每立方厘米约2.7克），所以放弃牙齿可以大大减轻体重。虽然鸟喙可能非常大，但构成喙的骨头很薄——它通过轻质的角质鞘（我们的指甲也是由这种物质构成的）来增加硬度。胸骨上的龙骨突是鸟类的另一个独特特征——这种长而扁平的骨嵴为强大的胸肌提供

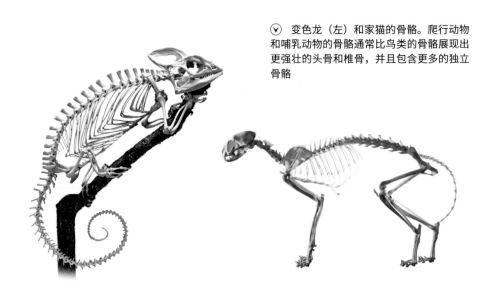

ⓥ 变色龙（左）和家猫的骨骼。爬行动物和哺乳动物的骨骼通常比鸟类的骨骼展现出更强壮的头骨和椎骨，并且包含更多的独立骨骼

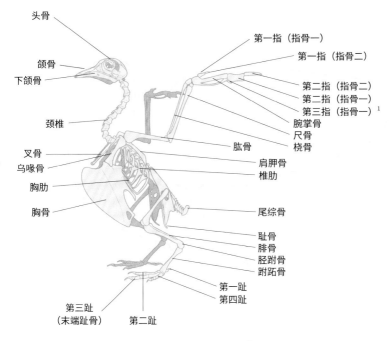

头骨

颌骨
下颌骨

颈椎

叉骨
乌喙骨
胸肋

胸骨

第一指（指骨一）
第一指（指骨二）

第二指（指骨二）
第二指（指骨一）
第三指（指骨一）[1]
腕掌骨
尺骨
桡骨

肱骨

肩胛骨
椎肋

尾综骨

耻骨
腓骨
胫跗骨
跗跖骨

第一趾
第四趾

第三趾
（末端趾骨）

第二趾

⊼ 典型飞行鸟类的主要骨骼和骨骼群

了附着点，为飞行（以及游泳，例如像企鹅这样依靠翅膀推进的潜水鸟类）提供了动力。鸟类的椎骨也比其他脊椎动物更紧凑。

简练的骨骼

鸟类骨骼的另一个特征是一些骨头愈合而另一些骨头缺失。骨骼的确切数量在不同物种之间差异很大——颈椎的数量尤其多变，从 11 节到 25 节不等。然而，鸟类骨骼总数比哺乳动物少，例如，一只鸡有 120 块骨头，而一只猫有 230 块骨头。锁骨愈合，形成单一骨骼（叉骨，也叫愿骨）。足下部的许

多骨骼愈合在一起，形成单一的跗跖骨。翅上的指数量减少（一部分愈合，一部分缺失）到只有三根，其中只有第二指大小比较明显。一些背部下部的椎骨愈合到一块叫作愈合荐骨（综荐骨）的骨头里，腰带也愈合在这块骨头里。

最后，许多鸟类的骨骼是充气的（含有中空的气腔）。这减轻了它们的重量，也将骨骼与鸟类身体复杂的空气交换系统连接起来。

---

1. 此处的第一指、第二指、第三指是按照实际存在顺序排序，但在鸟类演化过程中，原本的第一指和第五指消失，如按照起源来看，本书中标注的第一指、第二指、第三指实际对应陆生四足动物的第二指、第三指、第四指，一些著作，如《鸟类学（第二版）》即采取后一种排序方式。如无特殊说明，本书中所标注的指与趾，均按照实际存在排序。

世界鸟类的多样性

鸟类生活在地球上的任何地方，出现在从赤道到两极的每一块陆地上。尽管所有的鸟都需要陆地来繁殖，但有些海鸟在不筑巢的时候，会游荡至最偏远的海域。

然而，在世界上的某些地区和某些栖息地，鸟类的数量、种类、体型变化和生活方式都比其他地方丰富得多。鸟类的分布在不同季节也有显著的变化。地球上最富饶的栖息地在热带地区，特别是南美洲中部，以及东非和东南亚。在鸟类物种数最多的五个国家中，有四个在南美洲，它们是哥伦比亚、巴西、秘鲁和厄瓜多尔。还有一个是东南亚的印度尼西亚，这得益于其拥有约 18000 个岛屿，其中许多岛屿上生活着地球上其他地区都没有的特有物种。排名前五的这些国家都拥有超过 1500 种鸟类，而玻利维亚、委内瑞拉、中国、印度、刚果民主共和国、墨西哥、坦桑尼亚、肯尼亚和阿根廷都有超过 1000 种鸟类。

多样性中心

当你观察某个科的鸟类在世界各地的分布时，通常可以从它们的"多样性中心"——拥有最多物种数的地区——看出该科的起源。

通常，离这个中心越远，多样性就越低。例如，鹪鹩科包括约 88 个物种，在中美洲

ⓥ 鹪鹩（*Troglodytes troglodytes*）是唯一分布在旧大陆的鹪鹩科物种

◁ 虽然很少有人见过，但黄蹼洋海燕是世界上数量最多的鸟类之一

▽ 全世界有约 40% 的鹦鹉物种生活在南美洲的森林，其中包括令人眼花缭乱的绯红金刚鹦鹉（*Ara macao*）

和南美洲西北部最为多样化。哥伦比亚有大小形态各异的 35 种䴓鹩，而美国只有 11 种，加拿大只有 9 种。从哥伦比亚往南，多样性也在下降，阿根廷只有 4 种䴓鹩。旧大陆则只发现了一种䴓鹩，但它的分布范围很广，从西欧东部到中国，向南分布到北非。

温带地区的鸟类物种数较少，而极地地区的鸟类物种数最少。南极大陆只记录到 45 种鸟类，格陵兰岛记录到 246 种，其中绝大多数是"偶有记录"，而不是稳定出现。然而，这里鸟类的个体数仍然很多。例如，在南极海岸和附近岛屿繁殖的黄蹼洋海燕（*Oceanites oceanicus*）是世界上数量最多的物种之一，多达 1000 万对。

头骨

　　头骨为大脑、眼睛、内耳和其他各种精细结构提供保护和支持。鸟类的头骨可以通过有喙而无牙，以及非常大的眼眶或眼窝来识别。

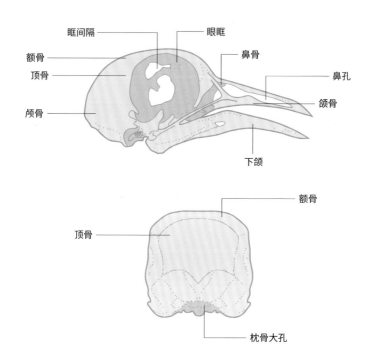

　　鸟类的头骨由几块重叠的小骨头组成，还包括单独的下颌骨和硬化的巩膜环（眼睛周围的小骨环）。从侧面看，可以看到鸟的两只眼睛几乎在头骨中部会合，只有一个薄骨板（眶间隔）将其隔开。大脑位于眼眶后面，在大多数物种中，占据的空间比眼眶要小得多——如鸵鸟，每只眼球都比它的大脑稍大一点。颅底有一个洞，即枕骨大孔，是脊髓与静脉、动脉一起穿过头骨的地方。

喙

　　在哺乳动物中，鼻孔标志着吻部的尖端，鼻通常延伸到下颌之外。但是鸟类的颌尖被拉长，形成了喙，从鼻孔还要向前延伸很长一段距离。喙的上部是上颌骨，与头骨的其余部分相连，而喙的下部是下颌骨最靠外的部分。上颌骨大部分是中空的，两侧各有一个大孔，与鼻孔相对应。下颌骨呈 V 形，两个分叉与颅骨后部相连。

⊙ 眼窝周围突出的巩膜环是由微小精致的骨板组成的

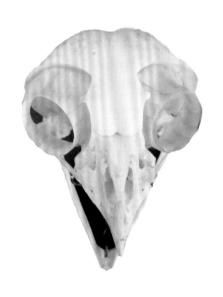

◁ 典型鸟类头骨的主要骨骼和骨骼区域

　　头骨的顶部是额骨，眼眶前面的部分则是鼻骨。因为这两块骨头是铰合而不是愈合在一起的，所以鸟类可以独立于头骨的其他部分而移动上颌。这种运动被称为后喙可动（prokinesis），能使喙张得很大（你可以在鸟打哈欠时看到这个运动）。一些长喙鸟类，如杓鹬和鹬，还能向上弯曲上喙尖端——这是前喙可动（rhynchokinesis），人们认为这可以帮助它们更有效地捕捉和操纵喙中的小猎物。

巩膜环

　　许多鸟类眼睛周围都有一圈微小、重叠的骨板组成的巩膜环。在猫头鹰、某些其他猛禽以及鹭类身上，巩膜环尤为明显。但巩膜环也出现在较小的鸟类身上，甚至是每块骨头还没有卫生纸厚的蜂鸟身上。人们认为巩膜环可以为鸟类的眼球提供一些支撑，不过是柔韧的支撑，以便眼睛的焦点从近景转向远处时，眼球形状可以随之改变。潜水鸟类的巩膜环更坚硬，因为它们的眼睛需要承受相当大的水压。

⌄ 鸬鹚展示它喙尖的灵活性

翼的骨骼

鸟类的翅膀相当于四足哺乳动物的前肢或人类的手臂。在大多数鸟类中，翅膀的主要骨骼比后肢的骨骼更长、更重、更致密，这说明它们是四肢中支撑动力飞行的主要结构。

鸟类翅膀的明显弯曲处是腕关节，与人类的手腕相对应，而肘关节则靠近躯干，在一只长满羽毛的鸟身上很难发现它的位置。连接肘部与肩的是肱骨，而肘与腕之间是尺骨和桡骨。这两块长骨的两端连在一起，但它们之间存在一个椭圆形空隙，这个空隙有时会相当大，在扑翅周期中，当骨头转动时，空隙的形状会发生变化。鸟类的尺骨通常比桡骨粗壮，而在哺乳动物中情况恰恰相反。

鸟的"手"

鸟类腕和"手"的骨头数量比哺乳动物和爬行动物的要少得多。在前肢演化为翼的过程中，一些骨骼消失了，而另一些则愈合在一起。腕掌骨看起来像是在两端而不是中间愈合的两根长骨。它类似于人类手的腕骨（手腕）和掌骨（手掌）。人类的手腕有 8 块腕骨，手掌有 5 块掌骨，但鸟类除了腕掌骨外，只剩下两枚细小的腕骨，分别是桡骨和尺骨，参与到腕关节的折叠中。

鸟类的翼上只有三个指，失去了原始四足动物前足的第一指和第五指。它们的第一指变成了小翼，位于翼前缘的

ⓧ 隼和其他敏捷的飞行者在进行急停和转弯时充分利用了它们的小翼羽

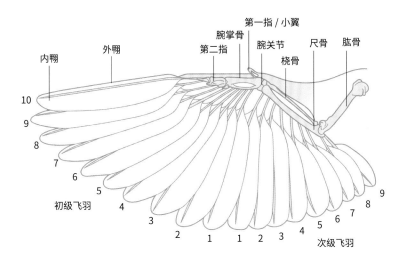

第一指 / 小翼
腕掌骨
第二指
腕关节
桡骨
尺骨
肱骨
外翈
内翈
10
9
8
7
6
5
初级飞羽
4
3
2
1
1
2
3
4
次级飞羽
5
6
7
8
9

腕关节上，其上着生有坚韧的小翼羽，形成小扇状，就像一个微型的附属翅膀。小翼包含一枚或两枚小的指骨，它通常不明显，但进行某些特定飞行动作时，小翼向前推，其上着生的羽毛呈扇形展开。

中指的两枚指骨连接腕掌骨。这三根骨头相对较长，共同为长的初级飞羽提供骨骼支撑，构成了翼的外侧或者"手"的部分。最里面的指只有一个非常小的指骨，它靠近第二指的最内侧指骨。

较大的翼骨外壁由坚固、致密的骨骼材料构成，但内部有气腔，这可以减轻它们的重量，也将它们与鸟类胸部的气囊系统连接起来。考虑到鸟翼承担的工作量，鸟类翅膀的骨骼比想象中的要小而短。蝙蝠翅膀的骨骼比例则完全不同，这显示出演化是如何通过两种完全不同的方式来实现同样的效果的。

⊙ 鸟类翅膀的骨骼相对较小，但为初级飞羽和次级飞羽提供了支撑

⊙ 当一只浅色羽毛的鸟，比如鸥，逆光飞行时，它翅上的桡骨和尺骨通常清晰可见

后肢骨骼

鸟类用后肢完成各种各样的任务。根据种类的不同，它们的腿和脚可以适应于栖息、行走、奔跑、蹦跳、游泳、攀爬、抓握、悬挂或跨跃。

鸟类也可以用后肢来抓住或踩踏猎物，操纵食物，帮助梳理羽毛，将物品从一个地方携带到另一个地方，与对手战斗，以及挖掘巢坑或洞穴。这种差异反映在脚和腿的解剖结构中。标准的

④ 火烈鸟"腿部"的弯曲方式看起来似乎不太对，因为我们看到的其实是脚踝而不是膝盖

四足动物后肢由股骨（大腿骨），通过膝关节与一对长骨连接而成，这对长骨就是胫骨和腓骨，它们并排生长，就像前肢的桡骨和尺骨一样。在一只完好无损、羽毛丰满的鸟身上，大腿和膝关节通常不明显。我们在鸟腿可见部分看到的弯曲——通常比较靠上——其实是踝关节，这就是为什么鸟腿弯曲的方式看起来是"错误"的。除了那些腿极长的鸟类，膝盖和脚踝之间的部分大多也隐藏在羽毛之下，这部分包括胫跗骨，由胫骨和一些脚骨愈合而成，以及退化成细针状附着于胫跗骨上的腓骨。

"鸟腿"的主要可见部分相当于我们的脚。我们的脚具有5块长的跖骨，每个脚趾对应一块。而在鸟类中，这个部位只包含一块长骨，即跗跖骨，由跖骨和其他一些脚部骨骼愈合而成。

鸟类的趾

鸟通常有4根脚趾，第五趾缺失。来自不同科的若干种鸟类具有三趾而非四趾，其中大多是失去了第一趾，但也有少数是失去了第四趾。鸵鸟只有两

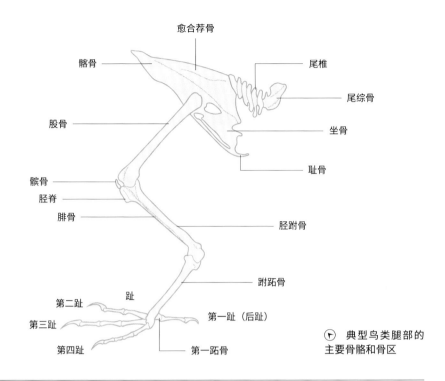

愈合荐骨

髂骨

尾椎

尾综骨

股骨

坐骨

耻骨

髌骨

胫脊

腓骨

胫跗骨

跗跖骨

第二趾

趾

第三趾

第一趾（后趾）

第四趾

第一跖骨

（下）典型鸟类腿部的
主要骨骼和骨区

个脚趾——第三和第四趾。在大多数鸟类中，第一趾（类似于我们的大脚趾）是向后扭转的，所以通常被称为后趾，第二、第三和第四趾（从内向外计数）向前。脚趾包括若干被称为趾骨的小骨块，趾骨数量不一，但通常来说，后趾包括2枚趾骨，第二趾3枚，第三趾4枚，第四趾5枚。

鸟类标准的趾型被称为不等趾型，但如果第二趾和第三趾趾骨基部部分并合（如翠鸟及一些相关类群），就变成了并趾型。有些鸟类脚趾的排列方式有所不同。在啄木鸟、杜鹃、鹦鹉和其他一些攀禽中，第一趾和第四趾都向后，这种趾型被称为对趾型。鹗、蕉鹃和鸮类的第四趾可以根据需要向前或向后转动，是不完全对趾型。这些不同的趾型是在几个不关联的鸟类类群中独立演化的。咬鹃也是两个脚趾向前，两个脚趾向后，但它们向后的脚趾是第一和第二趾，属于异趾型。而在雨燕和一些鼠鸟中，所有的四个脚趾都向前，这就是前趾型。

鸟类的腿骨还包括保护膝关节的髌骨（膝盖骨），不过在一些物种中髌骨是缺失的，而鸵鸟则每个膝关节有两块髌骨。此外，还有一些非常小的未愈合的跖骨残留在鸟的脚上。

骨骼的变化

从骨骼上看，鸟类的身体结构非常相似，主要的区别在于腿和翼的骨骼的相对长度，以及头骨中上颌骨和下颌骨的形状。尽管如此，还是有某些适应性特征是特定鸟类家族甚至特定物种所独有的。

平胸类——鸵鸟和它们的近亲——是目前唯一一类胸骨上没有龙骨突的鸟类。龙骨突用于附着大而有力的胸肌，与飞行和以翼推动的游泳有关。但其他不会飞的鸟类身上也存在龙骨突，因为它们是从会飞的祖先演化而来的。企鹅拥有发达的龙骨突，但它们的翅膀已经演化成了有力的游泳鳍肢。与用翅膀飞行的鸟类相比，企鹅的翅膀骨骼更短、更粗壮、更坚硬、密度更大。

巧妙的适应

舌骨是位于大多数脊椎动物下颌骨底部的细长 U 形小骨，具有支撑舌头的功能。啄木鸟的舌骨极度延长，环绕在头骨的后部，分支在前额喙基部的正上方会合。它有助于吸收啄木鸟用喙敲击木头时产生的震动，保护大脑（就像安全带一样），同时支撑啄木鸟超长的舌头。

在一些鸡形目鸟类，如火鸡中，跗跖骨上有一个锋利的距，这是一种骨骼的延伸，雄性用它作为战斗的武器。在一些鸟类的翅膀上也可以发现类似的骨质突起，包括叫鸭、距翅雁（*Plectropterus gambensis*）和黑胸麦鸡（*Vanellus spinosus*）。麝雉（*Opisthocomus hoazin*）是栖息于南美洲森林的一种鸟类，其幼鸟的第二指和第三指延长且带爪，用于攀爬。

④ 鸵鸟和它的近亲有宽阔的、没有龙骨突的胸骨和极其强健的腿骨和骨盆

Ⓐ 麝雉是唯一一种拥有翼爪的现生鸟类。翼爪是兽脚亚目祖先遗留下来的特征，成年后，麝雉的翼爪就脱落了

不对称的头骨

鸮类在捕猎时非常依赖听觉，它们的头骨在眼眶后面有巨大的耳孔。许多鸮类的左右耳孔位置不对称，这让它们拥有能够准确定位声源的听觉，因为一侧的耳朵会比另一侧稍早接收到正上方或下方的声音。在一些物种中，这种不对称扩展到头骨侧面的实际解剖结构，使其从正面观察时看起来就是不对称的。具有这种特征的物种是那些最喜欢夜间活动的物种，比如鬼鸮（*Aegolius funereus*），它能够在几乎完全黑暗的环境中精确定位移动的猎物。

Ⓛ 啄木鸟头骨上细长精致的舌骨支撑着它极长的舌头。额骨上的骨松质可以吸收震动

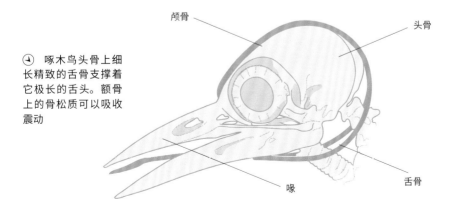

颅骨

头骨

喙

舌骨

显微镜下的骨骼

当我们想到骨头的时候，我们往往会想象它们与身体的其他部分分离后的状态——死去多时的、干燥的枯骨。然而，在活着的动物体内，骨骼是充满活力的组织，可以根据需要生长、变化、重建和愈合。

硬骨组织是由一种叫作胶原蛋白的坚韧蛋白质构成的，并被钙和磷矿化。然而，硬骨中也含有几种不同类型的活细胞，这些细胞能够维持（和改变）骨组织。骨骼内部是柔软的海绵状组织——骨髓，它产生构成骨骼的细胞和许多其他类型的细胞，包括血细胞。骨组织中含有四种类型的细胞：成骨细胞、骨衬细胞、骨细胞和破骨细胞。成骨细胞形成新骨，产生胶原蛋白，并调节使其矿化的钙和磷的沉积。在它们生命的后期，一些成骨细胞变成扁平的骨衬细胞，调节骨骼中钙的摄入和释放；其他成骨细胞则变为骨细胞，其功能类似于骨组织中的神经细胞，通过长长的分支与其他骨细胞相连，并帮助引导破骨细胞的活动。破骨细胞的功能是溶解骨组织。和生成新骨一样，分解骨组织也是生长和愈合过程的一部分。

骨髓

成骨细胞是骨髓中形成的大型细

⊗ 骨骼的纵剖面，展示了典型长骨的结构，骨骼长度的生长发生在骺板周围

关节软骨

骨松质

骺板

髓腔

骨膜

骨密质

骺 骨的端部	骨干 骨的体部	骺

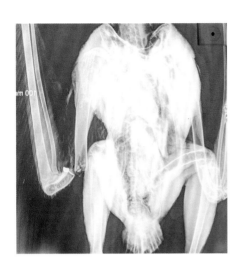

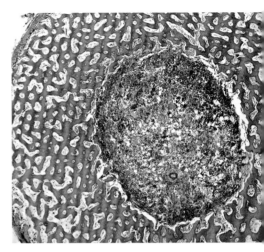

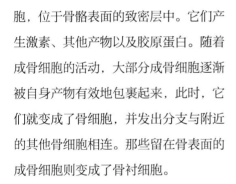

ⓐ 骨组织不断形成，这一过程贯穿终生，而骨折会随着时间的推移而愈合，尽管并非每次都能完美愈合

ⓐ 未成熟骨的染色横截面，显示中心的骨髓被骨组织包围

胞，位于骨骼表面的致密层中。它们产生激素、其他产物以及胶原蛋白。随着成骨细胞的活动，大部分成骨细胞逐渐被自身产物有效地包裹起来，此时，它们就变成了骨细胞，并发出分支与附近的其他骨细胞相连。那些留在骨表面的成骨细胞则变成了骨衬细胞。

破骨细胞是具有多个细胞核（有时超过 100 个）的超大型细胞，由被称为单核细胞的大型白细胞融合而成。单核细胞在骨髓中形成，在血液中发挥多种功能。破骨细胞是固定不动的，通过小突起（微绒毛）固定在骨骼中。它们通过微绒毛向骨骼释放一种叫作酸性磷酸酶的物质，这种酶会溶解骨骼中的胶原蛋白和矿物质。

骨髓中含有干细胞，而干细胞可以产生其他类型的细胞。干细胞是高度活跃的，其组成随健康状况、年龄和其他因素而变化。它的主要功能是产生红细胞、白细胞和血小板，但同时也产生制造骨骼和软骨的细胞。鸟类的骨髓组织集中在长骨的末端。骨骼中含有骨髓的部分被称为骨松质，它是海绵状的，与致密坚硬、形成外部坚硬结构的骨密质相反。除此之外，鸟类的长骨是中空的，但在内部有一些贯穿空腔的狭窄支柱来加固。

3

肌肉

鸟类能够做出我们只有在梦中才能实现的运动特技。它们令人印象深刻的力量和速度归功于其高效且极其勤奋的肌肉系统。

▷ 鸟类巨大的胸肌为飞行提供动力,而一系列较小的翅膀肌肉让它们能够快速变化翼形,从而做出复杂的空中飞行动作

鸟类的肌肉系统

和其他脊椎动物一样，鸟类拥有固定在骨骼上的骨骼肌系统，它能控制身体各个部位的自主运动。

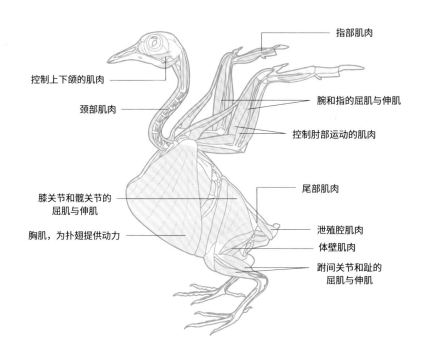

控制上下颌的肌肉

颈部肌肉

膝关节和髋关节的
屈肌与伸肌

胸肌，为扑翅提供动力

指部肌肉

腕和指的屈肌与伸肌

控制肘部运动的肌肉

尾部肌肉

泄殖腔肌肉

体壁肌肉

跗间关节和趾的
屈肌与伸肌

将禽肉作为日常饮食一部分的人对它们的肌肉排列很熟悉——当羽毛和皮肤被除去时，它们就展示出鸟类的身材。从烤鸡身上可以明显看出，最大的肌肉都在胸部，它们附着在龙骨突和肱骨（上臂骨）的肩端。这些胸肌约占鸟类身体总质量的 17%（在某些情况下，如蜂鸟，高达 25%），它们提供拍打翅膀的力量，而翅膀上的肌肉相对较小，控制细微的运动。

鸟类大腿和小腿的肌肉也很强壮，

ⓐ 典型鸟类主要的骨骼肌系统

尤其是那些会游泳或奔跑的鸟类。在鸵鸟和其他不会飞的鸟类中，腿部肌肉是最大的肌肉。鸵鸟的后肢肌肉约占其体重的 1/3（与两足哺乳动物相比，人类的这一比例接近 18%）。身体端部的骨骼肌不太明显，但在头部、颈部、翅膀和脚上有许多小肌肉，控制着所有的运动。总的来说，一只鸟的身体包含大约 175 块骨骼肌。

"连接器"

肌肉通过肌腱与骨骼相连,肌腱是位于肌肉末端的非常坚韧的纤维状胶原组织。肌腱的功能是将肌肉的收缩传递到所连接的骨,从而产生运动。肌肉只能通过收缩来工作,因此,大多数关节每一侧都有几组肌肉协同工作,收缩一组肌肉使关节伸直,而收缩另一组肌肉使关节弯曲。

肌腱连接肌肉和骨骼,韧带是类似肌腱的结构,直接连接骨骼和骨骼。软骨也是结缔组织,它比肌肉更坚固,柔韧性更差——可视为介于骨骼和肌肉之间的中间地带,通常出现在关节内部,作为缓冲材料,有助于保护内部骨骼,避免相互磨损。骨骼、肌肉、软骨、韧带和肌腱都含有不同含量的胶原蛋白——一种强大的纤维状蛋白。

⊙ 鸵鸟胫骨上的巨大肌肉帮助它以每小时70千米的速度冲刺

头颈部肌肉

　　鸟类可能没有表情丰富的面部，但它们的头和脖子非常灵活，这种运动是由一系列肌肉控制的。鸟类还能用喙做出多种多样的动作，这些动作需要不同的力度和精确度。

　　稳定性和运动一样重要——在快速飞行中，鸟类仍然需要用颈部肌肉来保持头部稳定，这样它就不会被同样快速变化的视觉景象所迷惑。喙的开合是由一组（通常是 7 块）连接下颌骨基部和头骨底部的肌肉控制的。与类似大小的哺乳动物相比，大多数鸟类的颌部肌肉较小，这明显体现在头骨结构上——哺乳动物的头骨通常在后部有一个脊（矢状嵴），用于附着较大的颌部肌肉，而鸟类的头骨背部很光滑。

Ⓐ 鹗 (Pandion haliaetus) 的喙是钩取、撕扯猎物的武器，但肌肉对下颌的精细控制也使其成为给幼鸟喂食的精密工具

　　鹦鹉拥有非常强大的咬合力，用来咬碎又大又硬的坚果和种子。金刚鹦鹉是最大的鹦鹉，能施加 10000 千帕的

Ⓣ 鹦鹉可以施展出强大的咬合力，但同时也能精确控制喙和舌部肌肉进行微妙的操作

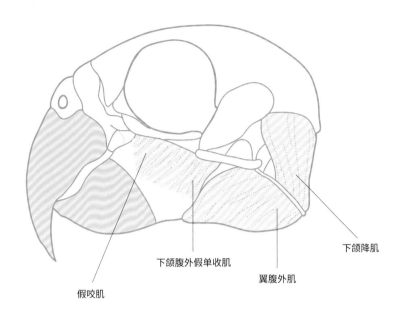

下颌降肌

翼腹外肌

下颌腹外假单收肌

假咬肌

⌃ 鹦鹉头部控制下颌运动的主要肌肉，这些大型肌肉提供了巨大的咬合力

压力，相比之下，虎的咬合力约7000千帕，大猩猩约9000千帕。鹦鹉的下颌有两块其他鸟类所没有的肌肉——"筛骨－下颌肌"和"假咬肌"。鹦鹉下颌骨的底部也更大更厚，为这些巨大的肌肉提供附着空间。

鸟类颈部

鸟类的颈部比哺乳动物含有更多的椎骨，这些椎骨彼此连接，并连接到头骨底部，再加上连接在这些骨骼上的一系列细长的肌肉，形成了一个长长的、高度灵活的S型颈部。因为鸟类大部分情况下用喙而非前肢来处理食物，所以精确控制颈部的伸展、移动速度和位置是必要的。但鸟类的颈部也需要非常强壮，以抵抗飞行过程中所受到的力。一些鹭类的脖子非常细长，在飞行时通常将脖子缩起来以保护自己。

鸟类颈部的运动自如也得益于每块椎骨上下表面的软骨层，这些软骨层可以自由滑动。鸟类没有哺乳动物和其他脊椎动物那样隔开椎骨的独立软骨盘。这些改变使鹭类捕食时能够在不到1/4秒的时间内伸直脖子，抓住水中的鱼，或者使啄木鸟每秒啄树16次。

飞行肌肉

　　即使是适应长时间滑翔或翱翔的鸟类也必须扇动翅膀才能飞起来。对于鸟类来说，要克服自身的重力飞上天空，就需要巨大的向上的推力。

　　鸟类翅膀的形状可以有效地推动空气，并在向前运动时产生升力，不过在此之前，它们需要非常有力地向下拍翅来捕获空气，这就是肌肉力量发挥作用的地方。鸟类的胸部有一对发达的胸大肌，分别附着在龙骨突的两侧，当它收缩时，会拉动翅膀向下运动。与之对应的是上喙肌，位于胸大肌的下方。当两块上喙肌收缩时，翅膀就会向上运动。由于向上扑翅不产生升力，上喙肌较小。胸大肌另一端附着于肱骨肩端下方，而上喙肌肌腱则附着在同一块骨骼的上方，收缩时将肱骨向上拉起。这是由于上喙肌的肌腱绕过叉骨（愈合的锁骨）顶部，形成了一个滑轮系统，才实现了这一功能。

　　当一只鸟在飞行时，它的胸大肌在每次向下扑翅时收缩，压缩胸部的气囊。因此，鸟在向下扑翅时呼气，在向上抬翅时吸气。

飞行中的肌肉

　　鸟类翅膀上的肌肉与我们手臂上的肌肉相似——主要分布在上臂，包括用于弯曲肘部的肱二头肌和用于伸直肘部的肱三头肌。收起翅膀对于快速降低高度（例如隼俯冲捕食时，或鲣鸟潜入水中时）很重要。充分展开翅膀则是有

> 鸟类的拍翅循环包含一种复杂的圆周运动，翅膀的形状在整个过程中都在动态变化

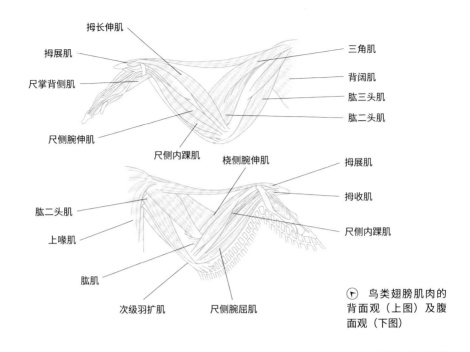

拇长伸肌
拇展肌
尺掌背侧肌
尺侧腕伸肌
尺侧内踝肌
桡侧腕伸肌
三角肌
背阔肌
肱三头肌
肱二头肌
拇展肌
拇收肌
尺侧内踝肌
肱二头肌
上喙肌
肱肌
次级羽扩肌
尺侧腕屈肌

ⓡ 鸟类翅膀肌肉的背面观（上图）及腹面观（下图）

效翱翔（不拍打翅膀，而是利用热空气的向上运动来提升飞行高度）的必要条件，就像在鹳类和雕类等鸟类飞行中看到的那样。

肱二头肌和肱三头肌相对较小，但它们有助于翅膀形成便于获得升力的形状（前缘增厚）。肘部和腕部之间的肌肉也影响肘部的屈伸，并控制指以及小翼的位置。当鸟类以陡峭的角度缓慢飞行时，伸展并呈扇形打开的小翼羽有利于延迟失速（失去升力）——小翼羽形成了额外的小型翼以增加升力。你经常会看到鸟类在接近垂直的表面着陆时会展开小翼羽。

动物飞行的比较

动力飞行在动物界已经演化了四次——鸟类、蝙蝠、史前翼龙和有翅昆虫。尽管它们翅的解剖结构大相径庭，但在功能上有很多相似之处，因为在任何情况下，持续飞行的核心需求都是相同的。

当密度比空气大的物体在空中向前移动时，有四种力作用于它，它们是两对相反的力：重力将其拉向地面，而下方空气提供的升力将其向上抬；推力推动它前进，而空气带来的阻力使它减速。要保持持续定向飞行，升力必须大于重力，推力必须大于阻力。

飞行动物通过扇动翅膀产生足以克服体重（相对于其体型来说，它们的体重通常很轻）的推力和升力。在大多数飞行模式中，动物向下扑翅的同时也在向后拍翅，此时翅膀完全展开，用最大的表面积推动空气，于是产生了向前的推力和向上的升力。在向上抬翅时，翅面倾斜并折叠，使其在空中的侧面轮廓变得更小，从而减少阻力。动物还尽可能使自身的形状呈流线型，例如，把腿收起来或伸直放在身后。那些滑翔而不是飞行的动物，比如鼯鼠，它们跳跃到空中时翼膜完全展开，能够产生一些推力和升力，但它们不会通过拍打翼膜产生任何额外的推力和升力，所以它们的"飞行"是无法持续的。

大多数飞行动物的翅膀具有这样的翼形：前缘较厚，但逐渐缩减为一个非常薄的后缘。最有效的翼形拥有弯曲的上缘和平坦的下缘，这样能降低翼上方的气压，有助于产生升力，这一点在飞机的机翼上体现得非常明显。

⊙ 蝙蝠的翅膀是膜质的，由极度延长的"手指"支撑

⊙ 蜂鸟拍打翅膀的速度比其他任何鸟类都要快，所以它们的能量消耗也更高

昆虫的飞行

昆虫飞行的方式比飞行的脊椎动物复杂得多。它们的翅膀在扇动时做圆周运动，先向前，再向后掠，在此过程中整个翅面翻转，使前缘指向后方。翅膀向前运动时在翅上方形成一个低压漩涡，向后运动则产生反向漩涡，这两种动作都为翅提供升力。而当翅在两次振翅之间短暂静止时，前一次振翅所产生的漩涡尾流会提供额外的升力。

大多数飞行昆虫有四个翅膀，在翅面大小相同的情况下，两对翅膀的扇动节奏可能不同，这使得它们能比蝙蝠或鸟类更有效地悬停。蜻蜓可能是所有飞行动物中最熟练的，它能悬停和向后飞行，并能以超过每小时 40 千米的直线速度飞行，还能在飞行中捕捉其他各种飞虫。

一些小型昆虫的飞行方式与众不同，它们让两对翅膀在背部上方合拢并相互拍击，然后猛地张开，在每只翅膀上形成一个漩涡，将昆虫向上吸。这种飞行方式——拍击与急张——会对翅膀造成严重磨损，不过使用这种飞行方式的昆虫，如蓟马，寿命非常短，也就无需考虑磨损。

⌃ 蜻蜓和大多数其他昆虫拥有两对独立运动的翅膀

⌃ 翼龙的膜状翅膀又长又窄，由延长的第四指支撑

下肢肌肉

虽然大多数鸟类依靠翅膀进行长途飞行，但它们在日常生活中也一直使用腿和脚。对不少鸟类来说，腿部力量是其主要的动力来源。地球上最快的两足奔跑者是一种鸟（鸵鸟），而大多数鸟类依靠腿和脚的推动来游泳。

鸟类下肢许多或大或小的肌肉与哺乳动物后肢的肌肉没有什么不同。髋关节伸肌和屈肌连接在股骨和骨盆之间，控制髋关节的运动，而胫跗骨和股骨之间的肌肉控制膝关节的屈伸。像鸸鹋（*Dromaius novaehollandiae*）这样擅长奔跑的鸟类，腿部最大的肌肉是腓肠肌，它从膝盖连接到踝，收缩时使脚向

下蹬。这个肌肉动作是奔跑、跳跃和游泳蹬腿的动力来源。

相对于它们的体型，快速奔跑的鸟类的腿很长，以便迈出更大的步幅。而大腿肌肉粗壮的部分集中在靠近躯干的一端，使腿的远端更细更轻，因此能在奔跑中更快地摆动。鸵鸟能以每小时70千米的速度奔跑，而体重仅约300克的走鹃（*Geococcyx californianus*）能以每小时32千米的速度奔跑。

鸟类的脚

在许多情况下，鸟类的脚能够做出准确、有力或微妙的动作。猛禽经常用脚击打猎物，这种向前踢击可以产生相当大的力量，虽然大多数情况下这种力量不仅来源于腿部动作，也因鸟类在击打猎物前的俯冲动作而得到加强。鹭鹰（*Sagittarius serpentarius*）是一个仅靠腿部力量攻击猎物的例子，它徒步追击猎物，并用长腿强有力的踢击来杀死猎物（包括毒蛇）。鹭鹰踢击的力量是其自身重量的五倍以上，击打过程非常短

鹭鹰用它又长又壮的腿追赶猎物，然后把它踢死

⊙ 走鹃是一种杜鹃，是跑得最快的飞鸟之一

暂，在脚收回之前只持续约15毫秒，如此一来，即便没有击中目标也不会被猎物咬到。

鸟类的腿和脚上有专门的屈肌肌腱，它们通过滑轮结构将脚趾底部与踝关节、膝关节连接起来。当腿部这些关节弯曲时，肌腱会拉住脚趾，使脚趾蜷曲。落到树枝上准备栖息的鸟会蹲下来激活这种反应，这样脚趾就会自动抓紧树枝，直到它伸直腿准备起飞，脚趾才会松开。同样的过程也会导致猛禽在攻击时握紧爪子——当它扑向猎物时，重心向前移动，使腿的关节弯曲，并收紧屈肌腱。有些鸟在飞行时双腿是蜷缩的，如果它们从你头顶飞过，你可以看到它们的脚趾是蜷曲的。其他鸟类，如鹤，它们飞行时双腿伸直，你会注意到它们的脚趾也是伸直的。

在水面上游泳的鸟类双腿有力地交替后蹬，以此来推动自己。它们可以精确地控制自己的速度和位置，例如瓣蹼鹬可以在水面上快速旋转，以激起小型水生猎物。

⊙ 企鹅用蹼足在水面上游泳，但在水下主要靠翅膀推动

其他肌肉

　　鸟类的主要肌肉是那些控制四肢、颈部和头部大幅度运动的肌肉。但还有更多的肌肉在自主和非自主的运动中发挥着作用，从改变瞳孔的大小到控制鸟儿鸣唱时发出的声音。

⋀ 皮肤上的肌肉控制着羽毛群的竖立和展开，就像雄性蓝孔雀（*Pavo cristatus*）令人印象深刻的求偶炫耀

　　鸟类没有膈肌——膈肌位于肺部下方，当我们吸气时，它会收缩，当我们呼气时，它会放松。对鸟类来说，呼气才是呼吸的主动阶段。它们通过放松肋间肌（肋骨之间的小肌肉）被动地吸气，因为肋间肌放松会将肋骨和胸骨向外推。当肋间肌收缩时，鸟就呼气。

　　鸟尾虽然除了基部外没有骨头支撑，但它的功能更像是第五肢，并且有自己专用的肌肉组织来控制其运动，独立于主要控制翅膀和腿部运动的肌肉。主要涉及的肌肉有尾旁肌和尾提肌。这些肌肉使尾羽倾斜、扭转、呈扇形展开或聚在一起，改变尾的形状和方向，从而让鸟在飞行中控制速度和方向。

其他肌肉类型

　　其他羽毛和羽毛群（束）也受肌肉控制。一些竖立或放下羽毛的小的皮肤肌并非由构成骨骼肌的横纹肌组织构成，而是由另一种肌肉组织构成，这就是平滑肌。和横纹肌一样，平滑肌也含有肌动蛋白丝和肌球蛋白丝，它们相对运动导致肌肉收缩，但这些肌丝不向横纹肌的肌丝那样有序排列，而且平滑肌的收缩是不自主的。

鸟类的羽毛可能会随着温度的变化而不由自主地竖立或倒伏（蓬松的羽毛有助于集聚热量，平倒的羽毛则有助于散失热量）。由骨骼肌控制的羽毛自主运动也很常见，在多种鸟类的求偶炫耀中都可以看到这样壮观的场面。雄性艾草松鸡、孔雀和许多其他的鸡形目鸟类会竖起并展示它们的尾羽或尾上覆羽，而各种极乐鸟的雄性则会直立并抖动身体不同部位色彩鲜明、形状奇特的羽毛，以吸引雌性的注意。

平滑肌组织也存在于血管壁、消化

⊙ 肌肉对羽毛位置的控制在体温调节中起着重要的作用

道、眼睛（控制虹膜和晶状体的形状）以及某些内脏器官中。例如，消化道壁的某些部位含有平滑肌，通过收缩来推动食物下行或研磨食物。构成心脏壁的肌肉是第三种肌肉组织——心肌。它是一种横纹肌组织，类似于骨骼肌，但它的收缩是不自主的。

⊙ 雄性艾草松鸡的求偶炫耀以扇形展开的尾和前部鼓胀的囊为特色

游泳和潜水

水面与深水为富有开拓精神的鸟类提供了充足的食物，所以一系列没有亲缘关系的鸟类都演化出游泳、潜水的能力，也就不足为奇了。

一些鸟能够自如的游泳、潜水，并保持飞行的能力，这需要一系列的适应能力——尽管企鹅以及某些鸭子和鸬鹚确实已经不能飞了，它们演化成了更好的游泳者。对于陆地生活的鸟来说，在水面游泳不算巨大的飞跃，因为鸟类的身体密度很低（多亏了气囊和羽毛中的空气），所以它们会自然地浮在水面上。在大多数情况下，它们的羽毛也有很好的天然防水性能。然后，它们要做的只是保持平衡，用脚踢水推动自己。即使是落水的陆生鸟类，通常也能在被水浸湿之前游到安全的地方，而在水边生活的鸟类，如秧鸡、鹬类和鹭类，也有一定的短距离游泳

能力。

习惯在水面游泳的鸟类脚趾间有蹼，使脚成为更有效的桨，能够产生更大的推力向前游动。它们的腿也相对短而有力，通常位于相对拉长的船形身体的后部。非潜水物种，包括天鹅、雁、水鸡和鸥，会从水面上觅食，但它们通常也有长长的脖子，当它们把头浸入水中时，可以够到水下的食物。

大多数会游泳的鸟类可以在紧急情况下靠潜水避险，即便它们不需要潜水觅食。

ⓥ 鸳鸯是一种浮水鸭，它游泳的姿势比潜水觅食的鸭类更轻盈

潜水

　　说到潜水，有些鸟从水面扎入水中，有些则从空中俯冲入水。许多俯冲入水的鸟类并不会游泳，它们潜入水体浅层，一旦抓住猎物，就奋力拍打翅膀使自己浮出水面。这样的鸟类通常拥有宽大的翅膀，以便尽可能快地产生最大升力。鲣鸟从相当高的空中俯冲，为了在高速入水时保护自己，它们可封闭的鼻孔开口于口腔内部而不是外面，同时还拥有巨大的气囊和坚固的胸骨来缓冲水对身体的冲击。大多数潜水鸟类，尤其是那些在寒冷水域捕猎的鸟类，比如南极的企鹅，拥有光滑、致密的羽毛，羽毛下锁住了一层空气，能够阻止水接触皮肤，从而保持身体温暖、干燥。

　　水下游泳是一项艰苦的工作——鸟类必须克服自身的自然浮力，只有当它到达自身密度与水的密度相当的深度时才能满足这一条件。像企鹅和海雀这样的鸟类必须潜入很深的地方（通常超过 30 米），才能轻松地开始在水下追捕鱼类。鸬鹚的浮力比大多数潜水鸟类要小，因为它们的羽毛不防水，所以羽毛下没有空气。因此，它们可以在较浅的深度追逐猎物，但每次潜水后必须在微风和阳光下晾干羽毛。

ⓐ　下潜的鲣鸟把翅膀往后收缩，身体变成了流线型的标枪形状，以便能潜得更深

ⓥ　没有外鼻孔确保鲣鸟不会吸入多余的水，也不会在浮出水面时面临溺水的风险

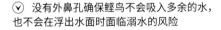

肌肉显微结构和功能

骨骼肌是由横纹肌组织构成的，横纹肌组织具有独特的微观结构和化学成分，从而可以显著地改变形状（收缩）。

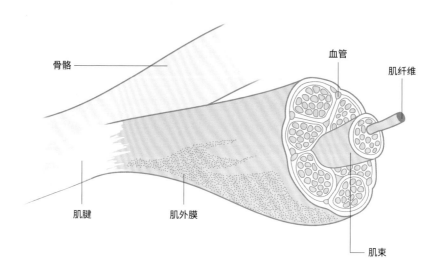

骨骼　血管　肌纤维　肌腱　肌外膜　肌束

🕐 肌肉组织显示出高度组织化的结构，所有的细胞需要协同工作来收缩整个肌肉

肌肉细胞也被称为肌细胞或肌纤维。它呈管状，含有肌动蛋白和肌球蛋白两种蛋白丝。它们部分重叠，排列成束。肌球蛋白丝较粗，端部被称为Z线的间隙隔开；肌动蛋白丝较细，端部被称为H带的间隙隔开。

两条Z线之间的一段肌纤维被称为肌节。每个肌细胞都是由许多肌节首尾相连形成的，从而使肌细胞呈带状，其上的Z线则形成间隔均匀的暗线。当肌肉收缩时，肌动蛋白丝滑过肌球蛋白丝，使H带变窄，肌细胞因此变短，而Z线本身的外观不变，只是相互之间的间隔变得更加紧密。

肌细胞能够接收运动神经细胞的刺激。当动物"决定"移动身体部位时，运动神经细胞向相应的肌细胞发送信号，让肌肉收缩——这个过程几乎是瞬间完成的。

化学反应

当神经冲动刺激肌肉细胞时，钠离

子进入细胞，钙离子流出细胞。这种化学变化导致固定肌动蛋白丝和肌球蛋白丝的纽带断裂，使它们能够靠得更近，这样细胞就会缩短或收缩。

在肌肉中，肌细胞被组织成束，称为肌束，几个肌束聚集在一起形成完整的肌肉。血管在肌束之间穿行，并分支成毛细血管，为单个细胞供血。

肌肉被一层厚而坚韧的膜完全包裹着，这层膜主要由胶原蛋白构成，被称为肌外膜，并延伸到柔软的肌腹之外，形成肌腱，将肌肉两端连接到骨骼上（在某些情况下，连接到皮肤上）。肌肉组织本身的颜色各不相同，从红色到浅淡的白色。红肌被称为"慢缩肌"，它含有的肌纤维较少，但血液供应丰富，能为高效的有氧运动提供充足的氧气。白肌是"快缩肌"——它含有更多的肌纤维，所以能快速收缩，但血液供应较低，意味着它以无氧（不需要氧气）方式工作。这样效率较低，所以肌肉很快就会疲劳。

⌄ 对于争夺稀缺资源的幼雕来说，能够利用快缩肌不遗余力地高速运动是至关重要的

神经系统

鸟类的大脑结构与人类和其他哺乳动物非常不同,但越来越多的研究表明,鸟类的智力和反应能力比我们过去认为的要高级得多。

⊳ 眼睛和大脑之间的高速神经通路使金雕(*Aquila chrysaetos*)在捕猎时能像闪电一样快速做出决定

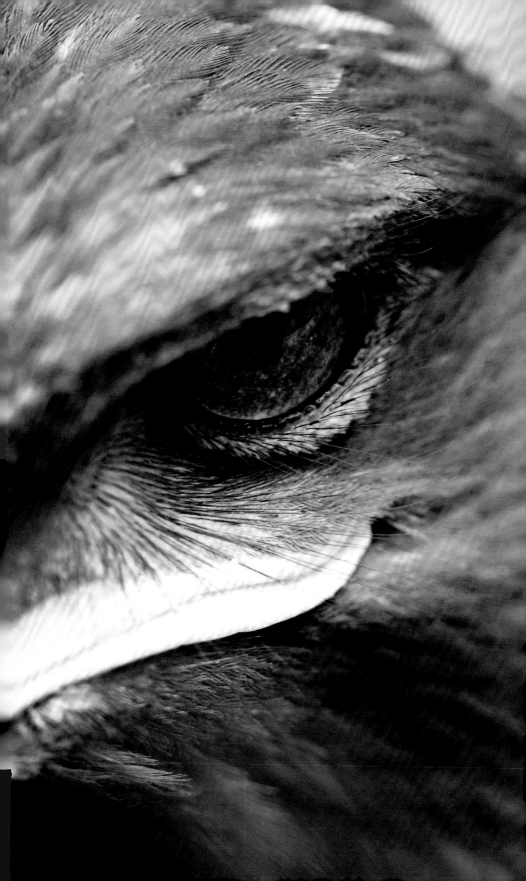

鸟类的神经系统

鸟类生活在一个快节奏的世界里，需要高度完善的神经系统来跟上节奏。神经系统涉及到鸟类如何通过感官来传递和组织外部世界的信息，以及它如何对这些信息作出反应。

神经系统在调节各种内部生理过程和高级精神功能方面发挥着关键作用。像其他四足动物一样，鸟类拥有发育良好的大脑和脊髓（中枢神经系统）。脊髓由许多束极长、纤维状的神经细胞或神经元组成。大脑在颅骨内受到保护，脊髓穿过一连串椎骨的中心孔，将神经发送至身体的其他部位，形成周围神经系统。较大的神经由多个神经元组成，但它们不断分支，每个分支都变得更加细小。单个神经细胞几乎延伸到身体的每一个组织，它们都与其他神经元相连，并最终连接到大脑。身体中有些神经元是传入神经，从终端组织向大脑传递信号；而另一些是传出神经，从中枢神经向周围组织传递信号。

大脑本身包含大量的神经元，每个神经元与其相邻的神经元形成多个连接。大脑和周围神经系统中的神经元都受到其他类型组织的良好保护。

⚠ 黄喉蜂虎需要依靠快速反应和精确的时机把控来捕捉蜜蜂并避免被蜇伤

主动与自动

神经系统的活动主导着鸟类从简单到复杂的各种行为。神经冲动将感觉信息传递给大脑，大脑处理这些信息并做出反应，然后神经冲动沿着传出神经元传递，将大脑的指令传递给骨骼肌，刺激肌肉收缩。这种循环以极快的速度发生，使鹟能够抓住飞行中的昆虫，使沙锥能够避开追击的鹰，使快速集群飞行的鸲鹟能够协调各自的运动，形成令人眼花缭乱的鸟浪。

神经系统还与所有其他生理系统密切相关，在调节激素和酶的释放中起着关键作用，并控制着心脏的跳动、生殖周期和消化系统的内部运作。

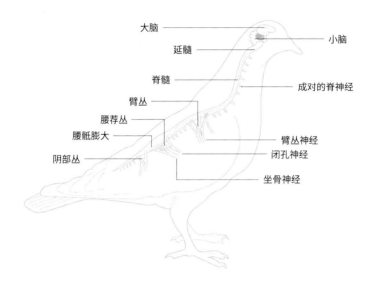

大脑
小脑
延髓
脊髓
成对的脊神经
臂丛
腰荐丛
腰骶膨大
臂丛神经
阴部丛
闭孔神经
坐骨神经

Ⓐ 鸽子的大脑、脊髓和主要神经通路

Ⓥ 椋鸟美丽的同步飞行给人一种被智能统一控制的印象

温度调节

调节身体内部温度的能力使鸟类和哺乳动物能够在极寒和极热的环境下生存活动,因此它们几乎能在地球上任何地方定居。

鸟类和哺乳动物是唯二的内温动物[1],即能够内源性调节自己的体温,而其他所有动物都依赖于环境温度来调节体温,从而达到能维持机体正常活动的体温。体内稳态指机体利用各种系统和方式来维持内环境平衡,涉及皮肤及其以内的许多不同器官之间的相互作用。保持合适的体内温度始于"知道"这一温度应该是多少度,这一过程由位于大脑前部的下丘脑监督。当鸟类的核心温度升高时,下丘脑会启动降温过程,比如喘气和舒张血管。裸露的皮肤比羽毛覆盖的皮肤更容易散失热量,因此,一些鸟类具有布满血管的裸露喉囊,它们可以在微风中扑动喉囊来更好地散热。

体内温度下降也会刺激下丘脑,并触发保存热量的生理过程,如收缩血管,蓬松羽毛以聚集空气并使其紧贴皮肤来保温。提高体温的行为还包括用单腿停歇,让另一条腿温暖地蜷缩在羽毛里,以及寻找富含脂肪的食物来提供额外的能量。

人体的最佳体温是 37 摄氏度。大多数鸟类的体内温度都高于这一温度,无论大小和栖息地如何,大多数鸟类的体温都保持在 39 ~ 40 摄氏度。寒冷地区的鸟类体羽更厚、更密,有时脚也被羽(在高海拔寒冷空气中飞行的雨燕也具有这一特征),在冷水中游

⊙ 单脚站立休息让苍鹭 (*Ardea cinerea*) 可以将另一只脚缩在腹部羽毛中保持温暖

泳的鸟类羽毛结构防水性极好,从而保持入水时皮肤干燥。生活在炎热地区的鸟类喘气时通过口腔水分蒸发来散热,它们需要容易获取的可靠水源来补充身体流失的水分。

---

1. 据最近的研究,部分恐龙也是内温动物。当然,恐龙与鸟类有着非常紧密的联系。

休眠状态

对于山地栖息的小型蜂鸟来说，它们的能量需求极高，在无法进食的寒夜中难以维持 40 摄氏度的体温。相反，它们会进入休眠状态，将能量需求降低到清醒时的 5%。此时，它们的体内温度下降到约 18 摄氏度，心跳和呼吸频率急剧下降。在这种不活跃的状态下，蜂鸟无法对任何威胁做出反应，所以必须在休眠之前尽可能选择最安全的栖息地。其他一些鸟类也会经历休眠状态。但是，没有鸟类会像哺乳动物那样进入真正的冬眠，在整个冬天都维持休眠状态，来度过周围几乎没有食物的长达数月的寒冷季节。鸟类首选的越冬策略是迁徙到气候更适宜的地区。有趣的是，虽然蝙蝠的飞行能力可以跟许多候鸟媲美，但它们更常见的越冬策略仍然是冬眠而非迁徙。

(∧) 在炎热的天气里，洗澡可以帮助鸟类降温，不过羽毛的防水功能让这种降温效果在鸟类身上不如在体表被毛的哺乳动物身上那么明显

(∨) 许多种类的蝙蝠通过休眠在严寒中生存，但这种策略在鸟类中很少见

大脑：大小和智力

"笨鸟"这个说法暴露了我们对鸟类智力的缺乏尊重。有些鸟类确实不聪明，但研究表明，鸦类（鸦科鸟类）的智力与最聪明的哺乳动物不相上下。

我们可以通过比较动物大脑的大小和动物整体的大小来了解动物的智力程度。大脑重量与身体重量的关系可以用比例来表示。在鸟类中，聪明的物种，如乌鸦和鹦鹉，大脑占身体重量的比例最高，而人类的这一比例（1∶40）远高于我们的近亲黑猩猩（1∶113）。然而，相对于体型较大的动物，小动物的大脑总是相对更大——例如，老鼠的大脑与身体重量比与人类相同。这种影响可以通过一种更精确的衡量大

脑大小的方法来修正，这就是脑化指数（EQ）。在这个系统下，人类的 EQ 是 8.1，高于其他任何哺乳动物，而黑猩猩的 EQ 是 4.2，老鼠的 EQ 是 0.5。

鸟类在脑化指数方面的表现与哺乳动物相似。然而，就认知处理能力而言，大脑的相对大小并不能完全说明问题。大脑中神经元的总数更重要。鸟类大脑中的神经元比哺乳动物更多，这是一种节省空间和体重的适应性特征。乌鸦和金刚鹦鹉的大脑神经元数量比许多更

⬅ 黑猩猩是最聪明的哺乳动物之一，但乌鸦等鸟类的智力与它不相上下

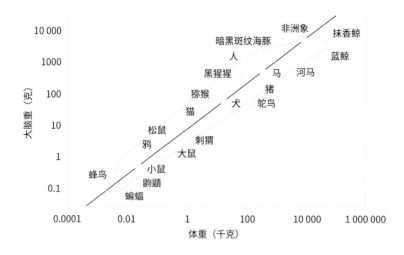

大、更聪明的哺乳动物——例如狗和浣熊要高。同样重要的是这些神经元之间的相互关系——它们之间的连接数量，神经冲动沿神经元以及在神经元之间的传导速度。鸟类在这些领域的表现也很优秀。

鸟类大脑的运转

并不是所有的大脑区域都与实际的信息处理、适应、抽象思维和解决问题有关——这些都是衡量智力的标准。在哺乳动物中，大脑中处理这些高级任务或执行功能的部分是新皮质。这是大脑额部高度组织化的部分，它分为六层，来自于大脑皮层，也就是大脑的外层。新皮质越大的物种越聪明。鸟类的大脑皮层没有形成有组织的新皮质，因此过

〇 一些哺乳动物和鸟类的大脑重量与体重的关系

去认为它们智力低下。然而，与哺乳动物的新皮质相比，鸟类大脑皮层的神经元密度要高得多，其中包括一些特定区域，能够与哺乳动物的新皮质一样执行高级功能。

鸦科动物擅长的智力测试包括制作和使用工具解决复杂问题，从镜子中识别自己，为预期需求进行规划——这些任务远远超出了许多脑容量大得多的哺乳动物的能力。当然，每一种鸟类和哺乳动物都适应其特定的生活方式，这些适应包括大脑不同区域相对大小的变化。例如，与陆地哺乳动物相比，海豚大脑的旁边缘区格外发达，这可能会大大提高它们的感知速度。

鸟类大脑的结构和区域

直到最近，对鸟类大脑的研究仍然相当粗略，鸟类大脑某些区域的功能仍然有些神秘。然而，我们确实知道不同的大脑区域控制着体内不同的功能。

鸟类的大脑一般包括三个主要区域：后脑、中脑和前脑。后脑包含大部分的脑干（大脑到脊髓的过渡区域）和延髓。这个区域的神经输入和输出主要与自动的生理过程有关，比如控制鸟类的心率和呼吸，以及调节血压，同时也参与无意识反射。

小脑也通常被认为是后脑的一部分。它是一个独特的复杂结构，与协调身体的运动有关。小脑还接收来自中耳的关于头部在空间中位置的信息，因此有助于保持平衡。鸟类的小脑相对较大，这反映了大多数鸟类在飞行中必须做出高速且高度协调的动作。

中脑的两个部分各有一个巨大的视叶，其中包含分层的神经元，它接收视神经输入的信息，并包含处理视觉信息的神经元。相比之下，大多数鸟类大脑前部负责感知气味的嗅球比例很小，不过某些海鸟和食腐鸟类的嗅球发育良好。

⊙ 鸟类大脑的主要结构和区域

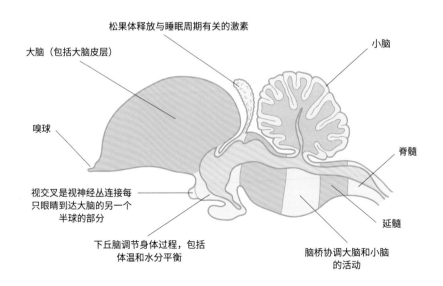

松果体释放与睡眠周期有关的激素

大脑（包括大脑皮层）

小脑

嗅球

脊髓

视交叉是视神经丛连接每只眼睛到达大脑的另一个半球的部分

延髓

下丘脑调节身体过程，包括体温和水分平衡

脑桥协调大脑和小脑的活动

大脑皮层构成前脑两个半球的外层，包括几个不同的区域。皮层套位于前脑，被认为与鸟类的高级认知功能有关，比如学习、创新和记忆。大脑的其他区域包括与学习和唱歌有关的几个相互连接的神经元簇。鸟类每克大脑的神经元密度非常高，尤其是在小型鸟类中，例如，紫翅椋鸟（*Sturnus vulgaris*）每克脑组织有 260 个神经元，而人类每克脑组织只有 57 个神经元。

除了神经元，鸟类的大脑还含有其他类型的细胞，特别是各种类型的神经胶质细胞，它们为神经元提供物理支持

⊙ 在高速协调的求偶炫耀中，小脑的活动达到顶峰

和保护，产生缓冲大脑的脑脊液，并清除代谢废物。然而，与哺乳动物相比，鸟类大脑中的神经胶质细胞要少得多。

⊙ 鸦类是非常聪明的鸟类，能够进行抽象思考并解决复杂问题

社会行为

在某些情况下，群居对鸟类有很大的好处，许多物种终身生活在社会群体中，一起觅食和繁殖。在长期存在的社会群体中，个体之间甚至可能发展出更深、更持久的良性关系——友谊。

社会性意味着有更多的眼睛参与觅食和警戒，也让每个个体有更多的机会找到合适的配偶，并降低被捕食者攻击的风险。在寒冷的天气里，群居有助于保存和集中热量。在迁徙过程中，成群结队有助于让所有个体沿着正确的路线飞行。

为了有效地参与社会行为，鸟类需要有效的社交信号，包括声音和视觉通讯。迁徙中的鸟群往往会不断鸣叫，这些通常短暂但能传播较远的联络叫声有助于每只鸟确保自己靠近鸟群主体，并有助于吸引任何落单的鸟——这对夜间迁徙的鸟类来说至关重要。成群迁飞的鸟类通常也有独特的视觉标记，

展开翅膀时就会显露出来，例如鸭类的翼镜——次级飞羽上有白色边缘的斑斓色块，甚至出现在羽色单调的雌性身上。即使是在光线昏暗的情况下，这些色块从远处看来也很醒目。迁徙的鸟群往往由飞行速度最快的鸟引领，但如果这些鸟的领航能力较差，鸟群就会转而选择速度较慢但更有能力的领导者。

社交聚会不一定是平等的。有些鸟总是占据最佳位置，无论是觅食、栖息还是迁飞，

ⓥ 成群迁徙使雪雁（*Anser caerulescens*）更安全，免受捕食者的攻击，而幼鸟则有机会向它们的长辈学习，并结识潜在的伴侣

通常都会靠近鸟群的中心。在社会群体中最具统治力的个体往往是最强大的，也可能是在更直接的竞争环境中表现最好的鸟类。具有强烈领地意识的鹪鹩，冬季会在树洞或其他洞穴内建立公共栖息地，形成紧密的集体来共享体温。占据领地的鸟会用叫声吸引其他的鸟来到栖息地，但是那些长途跋涉而来的个体会被赶走——可能对于已经占据了领地的鸟儿来说，这些远方来客比定居的、同样占有领地的邻居具有更大的威胁。

有益的宽容

至少可以说，有些社会关系是不稳定的。春天，雄性流苏鹬（Calidris pugnax）头部会长出精致的襞襟样饰羽，聚集在求偶场上吸引雌性。深色饰羽的雄性会互相争斗，但它们会容忍有白色饰羽的"卫星型"雄性的存在，因为它们会吸引更多雌性的注意。这两类雄性都有交配的机会，第三种类型的

⊼ 大型鸟排成"V"字形队列飞行，使领头鸟之外的每只个体都能利用前方个体的气流

雄性——"拟雌型"同样如此，它没有雄性的饰羽，似乎不会被其他两种雄性注意到，但是却会被雌性注意到。研究表明，这三种类型的雄性流苏鹬在基因和行为上都大相径庭，而且都是被雌性选择而延续下来的。

鸟类的友谊

对英格兰的欧亚大山雀（Parus major）的研究表明，在冬季觅食群体中，有些鸟与群体内一些特定个体相处的时间往往多于其他个体。研究还指出，最具攻击性和自信的个体拥有更多的社会关系，但这些关系稳定性较差，而胆小的个体拥有更少但更持久的关系。这种友谊的好处可能包括对彼此的特殊行为日益熟悉，以应对重要的事情，如食物来源和可能接近的捕食者。

大脑的异同

鸟类大脑的大小和结构因物种而异，在某些情况下，甚至同种鸟类不同性别的大脑也有所不同。大脑区域的相对大小反映了该物种的生活方式和主导感官。

大脑的大小与身体的大小有关，但也与智力有关，正如 64 页所讨论的，相对于身体，大脑最大且前脑最发达的鸟类是乌鸦和鹦鹉。一般来说，这些物种都是长寿且定居的鸟类，它们都表现出非凡的学习和创新能力。鹦鹉主要是素食主义者，在它们的栖息地，它们会在一年中的不同时间吃不同种类的水果、种子和枝叶，这意味着它们需要学习和记住每种食物可以在何时何地获取，以及获取它们的最佳方式。乌鸦是机会主义者，只要它们知道如何获取这些食物，它们就能吃掉许多不同种类的食物，记忆和创新对它们的生存和发展也至关重要。

ⓐ 迁徙的家燕总是回到同一个地方繁殖，它们利用对当地地标的记忆来找到回巢的路

大脑的适应性

大多数鸟类的视叶都很大，尤其是那些长途迁徙的鸟类，这表明视觉信息可能有助于它们导航，并在许多不同的地区快速找到它们所需的资源。然而，这

ⓒ 像斑胸草雀这样的雄性鸣禽，大脑中神秘的"X 区"帮助它们学习该物种特有的鸣唱

⊙ 金刚鹦鹉了解它们森林家园的布局，并在每棵树的果实刚好可以食用时拜访它们

些鸟类的大脑相对大小总体上比非迁徙物种小。定居的鸟类对其栖息地和领地建立了详细的认知，这有助于确保它们在食物严重匮乏时也能找到食物。长途迁徙的候鸟不太需要这种能力，因为它们会季节性迁徙，以确保全年都能找到充足的食物供应。然而，尽管候鸟使用非习得的线索（如地球磁场）来大致指引迁徙路线，但它们也会利用对特定细节的记忆来定位沿途最喜欢的迁徙停歇地。

大多数鸟类的嗅球很小，但有些嗅觉发达的鸟类嗅球很大，如海燕、秧鸡和几维鸟。几维鸟的视叶大大缩小，这表明嗅觉已经取代视觉，成为这些主要在地面夜间觅食的鸟类的主导感官。

雄性斑胸草雀（*Taeniopygia gutta-ta*）和其他一些鸣禽有一个专门的大脑区域，被称为"X 区"，这是涉及学习和模仿声音的几个区域之一。这些鸟并不能本能地"知道"它们同类的求偶鸣唱，而必须通过聆听其他雄性来学习。雌性不需要学习自己鸣唱，但它们的大脑有其他区域可以让它们学习和识别雄性的鸣唱。

⊗ 在沼泽、泥泞的栖息地觅食的鸟类通常嗅觉发达，比如这只姬田鸡

周围神经系统

神经成对地从大脑和脊髓分支出来，最终进入身体的所有组织。这些神经起源于中枢神经系统（大脑和脊髓），形成周围神经系统。

起源于大脑本身的神经是脑神经，而那些从脊髓往下分支的神经是脊神经。鸟类和其他高等脊椎动物一样，有12对脑神经，有些完全是传入神经，有些是传出神经，还有一些既包含传入神经纤维也包含传出神经纤维。在大多数情况下，神经的名称代表其主要功能。其中8对神经来自后脑。其余4对是：1）嗅神经，连接嗅球和鼻孔内的气味感受器；2）视神经，连接视叶

ⓥ 乌林鸮（*Strix nebulosa*）拥有极其优异的听力。从耳朵输入的声音通过前庭耳蜗神经传达到大脑

和眼睛的视网膜；3）动眼神经，连接中脑和一些控制眼球运动的肌肉；4）滑车神经，也控制眼球运动。

其他8对脑神经有的为控制喙和舌头的肌肉服务，有的接收来自耳朵的听觉和平衡调节部分的信号，有的从舌头的味蕾接收感觉输入，还有的调节面部

⊙ 神经元具有分支结构，这使得它们可以同时与附近的许多神经元相互交流

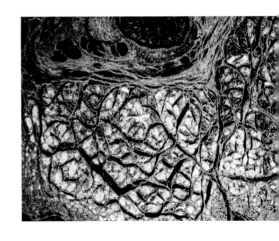

腺体，并控制与发声活动有关的肌肉。

其中一对是迷走神经，它非常长，分支到身体的其他部位，是自主神经系统的重要组成部分。自主神经系统包括两个组成部分——交感神经系统和副交感神经系统。当我们受到惊吓时，能感受到交感神经系统的活动——它的影响包括心率加快、瞳孔扩张、胃活动放缓，以及其他生理调节，让我们的身体做好"战斗或逃跑"的准备。当危险过去时，副交感神经系统会触发相反的反应（"休息和消化"）。

脊神经

脊神经调节身体器官和肌肉的活动，并接收来自它们的感觉输入。脊神经从椎骨的孔洞中伸出，每一条脊神经

都包含传出纤维和传入纤维。它们不断分支并分离，最终将单个神经元送入终端组织。

神经控制着鸟类所有的感觉和运动功能。如果神经组织受损，其再生相当缓慢，但可以形成新的连接来弥补损失。

⊙ 鸡头颈部的脑神经和上段脊神经的主要通路

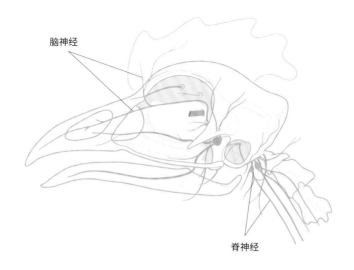

脑神经

脊神经

神经和神经元

神经元是动物体内最特化、最独特的细胞类型之一。大脑中的神经元与周围神经中的神经元不同，主要体现在长度上——神经中的神经元要长得多。不过，这两个部位的神经元工作方式是相似的。

主要神经的结构与肌肉的结构非常相似，神经元被组织成若干束，称为神经束，就像骨骼肌内的横纹肌细胞束一样。每个神经束被一层叫作神经束膜的膜所包被。血管穿行于神经束之间，整个神经受到坚固的结缔组织膜——神经外膜的保护。

神经元的形状有点像树，有一个分支的细胞体（胞体），一根细长的茎（轴突）从胞体延伸出来，最终在其末端形成一个较小的短分支集合。胞体包含细胞核，它的许多细小分支（树突）接收来自其他神经元的信号，并将信号传递给轴突。

根据神经元在体内的位置，它们的轴突可以非常长（人体中的一些轴突长度超过一米）。神经冲动是沿着轴突传播的电信号，由于轴突周围包裹着脂质髓鞘，神经冲动的传播速度得以加快。髓鞘是一种不良导体，它的作用就像包裹着电线的绝缘体，因此信号可以沿着髓鞘之间的空隙"跳跃"传导。

突触

信号通过前一个细胞的轴突末梢和下一个细胞的树突之间的小空隙（突

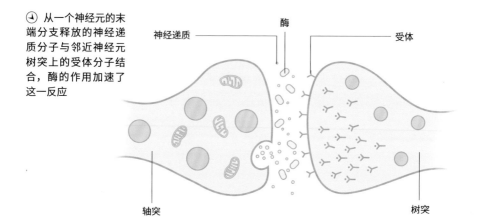

① 从一个神经元的末端分支释放的神经递质分子与邻近神经元树突上的受体分子结合，酶的作用加速了这一反应

神经递质   酶   受体

轴突   树突

触间隙）从一个神经元传递到另一个神经元。突触有两种类型，一种是电突触，即电脉冲直接穿过间隙的突触，其传递速度非常快。另一种是化学突触。在化学突触中，当神经冲动到达轴突末端时，轴突末端会释放一种特殊的化学

Ⓐ 识别并回应社交信号需要非常快速的神经信号传递过程

物质——神经递质，这些分子穿过突触间隙，与接收神经元树突细胞膜上的特殊受体结合，从而在树突中产生电荷，这些电荷传播至胞体并进入轴突。

Ⓛ 单个神经元或神经
细胞的结构

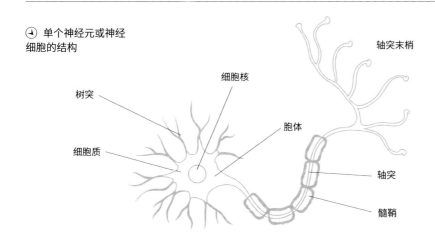

树突

细胞质

细胞核

胞体

轴突末梢

轴突

髓鞘

5

感官

所有生物都以这样或那样的方式感知周围的世界。大多数鸟类天生具有非凡的视力和听觉，并辅以其他各种感官的支持，这些感官有些是我们熟悉的，有些则是我们陌生的。

- 眼的结构
- 眼的变化
- 耳与听觉

- 嗅觉与味觉
- 皮肤的结构与触觉
- 额外的感官

▷ 长耳鸮的眼睛既漂亮又敏锐。它头上的"耳朵"只是一簇羽毛，真正的耳藏在头部两侧的羽毛下面

眼的结构

几乎所有的鸟类都依靠视觉而非其他感官来引导它们在周围环境中活动。它们移动速度非常快，因此需要一个运转极其迅速而且准确的视觉系统。

鸟类的视力因其出色的性能而闻名——例如，猛禽具有传奇般的视觉能力。然而，从本质上说，鸟类的眼睛与我们哺乳动物的眼睛并没有根本的不同。除了暴露在空气中的那部分外，鸟类的眼球被一层厚厚的白色膜（巩膜）保护着，而暴露在空气中的部分则被微微隆起的透明角膜所覆盖，角膜与巩膜接合的地方是骨质的巩膜环（见第31页）。角膜位于虹膜之上，虹膜是一种彩色的圆形肌肉，中央有一个小孔（瞳孔），瞳孔随着虹膜的缩放而缩放，从而改变可通过的光线量。光线通过悬浮在虹膜后面的透明晶状体聚焦到视网膜上。视网膜位于眼球后面的内壁上，它的感光细胞通过神经元与位于眼球后部的视神经相连。每只眼睛的视神经都连接到大脑中的视神经（见第66页）。

眼球之内

眼球内部充满了一种叫作玻璃状液的凝胶状物质，而角膜和虹膜之间的空间则包含了透明、流动性更强的水样液。在感光的视网膜和坚韧的保护性巩膜之间是另一层组织：脉络膜，它包含为眼睛供血的血管。脉络膜的

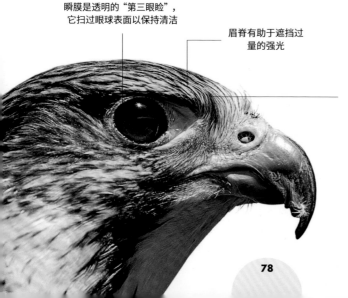

瞬膜是透明的"第三眼睑"，它扫过眼球表面以保持清洁

眉脊有助于遮挡过量的强光

眼睛前面的鬃毛状羽毛保护眼睛免受空气中的灰尘干扰

ⓒ 隼的视力非常敏锐，在光线好的情况下，它们辨别细节的能力是人类的两倍多

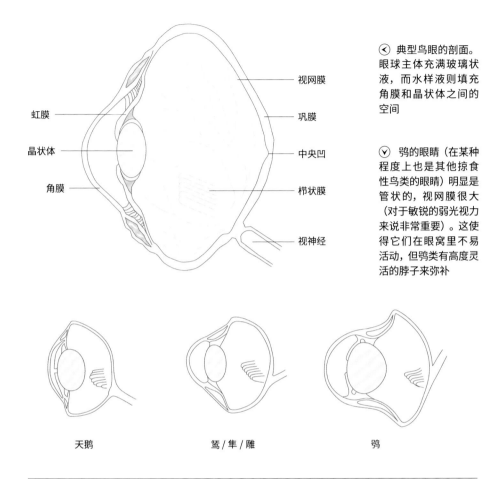

虹膜

晶状体

角膜

视网膜

巩膜

中央凹

栉状膜

视神经

◀ 典型鸟眼的剖面。眼球主体充满玻璃状液，而水样液则填充角膜和晶状体之间的空间

▼ 鸮的眼睛（在某种程度上也是其他掠食性鸟类的眼睛）明显是管状的，视网膜很大（对于敏锐的弱光视力来说非常重要）。这使得它们在眼窝里不易活动，但鸮类有高度灵活的脖子来弥补

天鹅

鸳 / 隼 / 雕

鸮

延伸部分——栉状膜，是血管的集中部分，它伸入眼球内部，位于视神经之上。栉状体的血管输送营养物质，帮助维持玻璃体液的 pH 值平衡。这样将许多血管塞进一个小小栉状体中，对通向视网膜的光路造成的干扰就能保持在最低限度。栉状体含有色素，以便保护它内部的血管免受紫外线的伤害。

鸟类的视网膜含有视杆细胞和视锥细胞，视杆细胞感受光影的变化，视锥细胞则对特定波长（颜色）的光敏感。鸟类的视锥细胞含有四种或五种感光色素，有些视锥甚至由两个视锥细胞构成，而人眼的视锥细胞只有三种色素。因此，鸟类能感受的波长范围比我们更广，它们的视野延伸到紫外线波段。中央凹是视网膜上视锥细胞高度集中的地方，也是视网膜中视觉最敏锐的区域。有些鸟类有两个甚至三个明显的中央凹。

夜行性鸟类

　　绝大多数鸟类都是昼行性的，即主要在白天活动。还有一些是晨昏型的——在光线朦胧的黎明和黄昏时期最活跃。那些在夜晚最活跃的鸟类拥有特殊的适应能力，以便在黑暗中生活。

　　在所有夜行性鸟类中，最常见的是鸮类——尽管其中许多物种并不是严格意义上的夜行性鸟类。夜鹰及其近亲——林鸱、蟆口鸱和油鸱（*Steatornis caripensis*），也大多在夜间活动。其他夜行性鸟类包括几维鸟、石鸻、秧鸡科部分成员、约氏走鸻（*Rhinoptilus bitorquatus*，一种被认为已经灭绝的印度物种，直到 1986 年才被重新发现）和加拉帕戈斯群岛的燕尾鸥（*Creagrus furcatus*）。

　　夜行性鸟类面临的一大挑战是，在其他鸟类活跃的白天，它们要如何隐藏起来

（∧）夜行性鸮类的视网膜中含有大量的视杆细胞，对明暗对比非常敏感，但对颜色却不敏感

睡觉。在开阔处睡觉的鸟很容易被捕食，即使是最大的鸮类也可能被其他鸟类赶出它们的栖息地。因此，许多夜间活动的鸟类拥有极好的保护色，以及有助于隐藏的体型。一些鸮类栖息时，耳羽簇可以掩饰它们的轮廓，使它们看起来像折断的树枝。夜鹰栖息时缩成一团，低调地趴在树枝上而不是站着。

夜行性鸟类的眼睛很大，可以收集更多的光线，而且视网膜中的视杆细胞数量比视锥细胞多得多。这意味着它们对不同的色彩不太敏感，但对明暗对比的变化则更敏感。许多夜行性鸟类的视网膜后面还有一层反光膜，用来收集额外的光线。听觉在黑暗中变得更加重要——鸮类以其异常敏锐且准确的听觉而闻名。鸮类的雄性虽然比雌性体型小，但其鸣管（见第109页）更大，以便发出响彻领地的嘹亮叫声。然而，鸮类外出狩猎时需要保持安静，这样才能听到猎物的声音，而不让猎物听到它们的动静。为此，鸮类还拥有一系列适应性特征，包括飞羽凹凸不平的梳状前缘，以便打破气流，消除翅膀拍动的声音。

夜间海鸟

一些海燕和鹱白天在海面上度过，只有夜间才上岸。海燕拥有良好的嗅觉，以便在海上寻找食物，在陆地上它们同样利用嗅觉来指引夜间归巢。对燕尾鸥来说，情况正好相反——它们晚上出海觅食，白天回到筑巢的地方。它的眼睛特别大，聚集光线的能力很强，这有助寻找猎物——夜间游到海面上的鱼和鱿鱼。

夜间迁徙

许多小型鸣禽在夜间迁徙，此时捕食者较少，能够更安全地飞行。它们利用地磁信息导航，也可能通过恒星位置来指路，成群结队地跟随领头鸟飞行，并通过不断呼叫保持联系。然而，在最黑暗阴沉的夜晚，夜间迁徙也会受到限制。

⌄ 燕尾鸥是唯一一种主要在夜间觅食的鸥类。它的大眼睛是为了适应在弱光环境下觅食

眼的变化

捕食者需要专注于目标猎物，而猎物需要发现危险的来临；夜行性鸟类需要能在弱光下视物的眼睛，而水鸟则需要看穿水面。不同的要求意味着眼睛外观和结构上的差异。

眼睛在头部的位置决定了鸟类的视野。眼睛朝前的鸟类侧面视觉有限，但双眼视野广泛重叠，能够更好地判断距离。这是掠食者的典型特征，最明显的是鸮类，它们需要清楚地看到猎物，并准确判断自身和猎物之间的距离。对于猎物来说，宽广的视野更为重要，所以这些物种的眼睛位于头部两侧，双眼相距较远。丘鹬的眼位特别高，在头部靠后的位置，从而拥有几乎360度的完整视野。

夜行性鸮类视网膜中感受色觉的视锥细胞相对较少，但含有大量的视杆细胞，可以探测到亮度的微弱变化，从而发现最细微的运动。一些夜行性和黄昏活动的鸟类还具有一层反光膜——视网膜后面闪闪发光的一层薄膜，它能将光线反射回来，让视网膜细胞能够二次感受光线。

在水面附近寻找猎物的鸟类，视网膜视锥细胞中有红色油滴，这有助于它们克服由于透过空气看水下而造成的视觉扭曲。在水下游泳捕猎的鸟类，眼睛的晶状体特别灵活，可以快速从空中视觉调整到水下视觉，这种适应性变化也弥补了它们扁平角膜（以保护它们免受水压的影响）的弊端。

眼睛的颜色

从不同科到不同种，鸟类眼睛的颜色多种多样，从近似黑色到近似白色，还有各种色调的黄色、橙色、棕色、红色、蓝色和绿色。在许多物种中，眼睛

◁ 鸥既是掠食者也是食腐动物，视野更偏向前方

82

的颜色会随着年龄的增长而变化。年轻的银鸥（*Larus argentatus*）眼睛是黑色的，但成年后眼睛非常苍白；一些鸶属猛禽则正好相反，眼睛随着年龄的增长而变黑。眼睛的颜色似乎与视觉能力没有明确的关系，但在一些物种中，通过眨眼"闪烁"色彩鲜艳的眼睛是求偶炫耀的一部分。

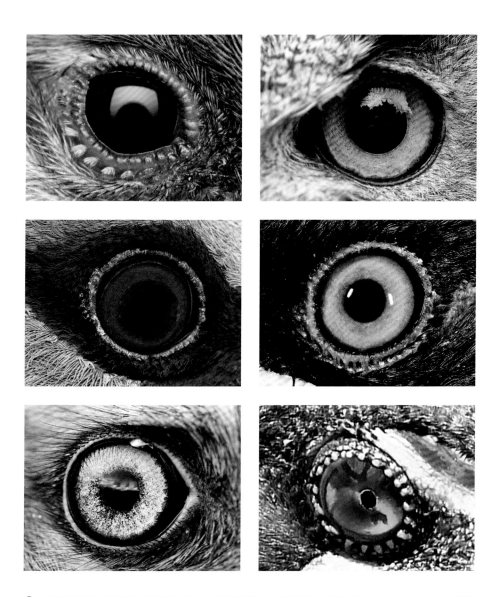

(∧) 鸟类世界中各种颜色的眼睛。从左上角顺时针方向分别是：麻雀（*Passer montanus*）；雕鸮（*Bubo bubo*）；寒鸦（*Coloeus monedula*）；普通鸬鹚（*Phalacrocorax carbo*）；白尾鹞（*Circus cyaneus*）；维多凤冠鸠（*Goura victoria*）

耳与听觉

尽管鸟类没有像大多数哺乳动物那样的外耳结构，但你只需要听听春天森林里丰富多样的鸟鸣声，就能理解声音在鸟类生活中的重要性。

如果你观察一只尚未长出第一根羽毛的年幼鸣禽，你会很容易地发现头部侧面巨大的耳孔，每个耳孔都位于眼睛的后下方。在成年的鸟中，耳羽覆盖了耳孔，将它们隐藏起来——不过在火鸡这样的"光头"鸟类中仍然可以看到耳孔。区分某些鸮类物种的耳羽簇其实是为了掩饰它们的轮廓，与听觉没有关系。不过，鸮类和鹞类的面盘确实有助于将声音传入耳孔，其他鸟类也可以通过竖起覆盖耳孔的耳羽来提升听力。鸟类还可以收缩耳周皮肤下面的肌肉来关闭耳孔。

进入耳朵的声波会引起鼓膜——一种横跨耳道的圆锥形薄膜的振动。这些振动传到中耳，在中耳被大幅度放大，然后传送到内耳的耳蜗，在那里转换成

⌄ 通过声音，占有领地的雄性家麻雀（*Passer domesticus*）可以向其他家麻雀宣示它的存在，而不需要完全暴露身形

ⓓ 西仓鸮（*Tyto alba*）
面部突出的环状硬羽有
助于将声音传入头部两
侧的耳孔

神经冲动。耳蜗是一个充满液体的小骨管，其内表面排列着感觉毛细胞。振动通过耳蜗液体传导时会触动毛细胞，而毛细胞受到刺激就会发出神经冲动，并通过前庭耳蜗神经传递到大脑的声音处理区域。

内耳还包含前庭（平衡和运动）感觉系统的结构。

敏锐的听觉

声音不仅仅用于交流，鸟类还用听觉来感知危险，寻找猎物（例如，鹬可以听到蚯蚓在土壤中移动的声音，啄木鸟可以听到甲虫幼虫在树桩里啃食朽木的声音），以及导航。

大多数鸟类在人类可听到的频率范围内都有良好的听力。不过，它们的听力要更敏锐，鸮类的听力更是出类拔萃。严格的夜行性鸮类可以在几乎完全黑暗的情况下通过声音来定位猎物，或者穿过雪层攻击隐藏在下面的猎物。许多鸮类耳孔是不对称的（在某些情况下，甚至头骨也不对称——见第30—31页），所以直接从鸟的正下方和上方传来的声音抵达两只耳朵的时间点略有差异，这使得鸮类能够在三维空间中精确定位任何声音。油鸱在黑暗的洞穴中筑巢，使用简单的回声定位来导航——就像蝙蝠一样，它们发出滴答声，然后倾听从固体表面反射过来的回声。

嗅觉与味觉

对大多数鸟类来说，嗅觉和味觉是远逊于视觉和听觉的。然而，嗅觉和味觉在很多方面对它们仍然很重要。

人们曾经认为鸟类实际上根本没有嗅觉，但我们现在了解到，它们确实能感知气味并做出反应——不仅在寻找食物方面，还在交流和导航方面。鸟类鼻孔是上喙颌骨上的一对孔，通常靠近基部而不是尖端。鸟类通过鼻甲上的嗅上皮细胞来感知气味。鼻甲是指鼻孔内复杂的骨质螺旋结构，它使吸入的空气变暖。嗅上皮内的受体细胞（修饰后的神经元）将纤毛伸入鼻腔内，这些纤毛捕获气味分子，并沿着神经纤维发送神经冲动。最终，这些单根神经纤维聚集在一起形成嗅神经，将信息传递给大脑中的嗅球。

不同鸟类鼻甲和嗅球的大小差异很大。最大的是管鼻类海鸟（信天翁、海燕和鹱）和美洲鹫，这些以腐肉为食的鸟类可以探测到 20 千米以外尸体的气味。新西兰的几维鸟同样嗅觉灵敏，它们不会飞，夜间在灌木丛中步行觅食，

⌄ 有些海鸟嗅觉敏锐，有助于找到远方漂浮的食物

探测潮湿的土壤，它们的鼻孔位于长喙的尖端。大多数鸣禽的嗅球长度仅为整个大脑的 10%，但红头美洲鹫的嗅球长度比例达到 29%，几维鸟为 34%，一些鹱接近 40%。

味蕾的比较

与哺乳动物相比，鸟类的味觉能力有限，而且它们味觉感官解剖结构与哺乳动物也有很大差异。哺乳动物的舌头上有味蕾，其中含有对甜、咸、苦、酸和鲜味做出反应的受体细胞。人类的舌头上有大约 10 000 个味蕾，但鸟类舌头上则很少。进一步研究表明，鸟类的"味蕾"主要分布在其他地方——在口腔内部的黏膜而非舌头上。尽管如此，它们的"味蕾"数量也要比哺乳动物少

⊗ 腐肉的气味可以吸引许多千米以外的红头美洲鹫（*Cathartes aura*）和黑头美洲鹫（*Coragyps atratus*）

得多（绿头鸭 *Anas platyrhynchos* 只有 400 个左右）。不过它们的味觉范围似乎与哺乳动物相似，至少有感知甜味、咸味、苦味和酸味的受体细胞。受体细胞的工作方式与嗅上皮细胞类似，通过纤毛收集分子，并通过神经脉冲将信息传递给大脑。

味觉最发达的鸟类包括吃花蜜的蜂鸟，它们表现出对更甜的糖溶液的偏爱，还有像鹦鹉这样的果食性鸟类，它会拒绝带酸味的未成熟水果。一些鸻鹬通过探索淤泥或沙滩来寻找猎物，它们可以通过味觉来感知附近是否有穴居的沙蚕。

皮肤的结构与触觉

触觉对鸟类来说是必不可少的，尤其是在觅食和与同类密切交流时。喙对触碰特别敏感，使一些鸟类能够在脑海中勾画出周围环境的详细地图。

鸟类的身体中有四种感受触觉的感受器，以感受压力、振动和拉伸。它们是海氏小体、格兰氏小体、梅克尔受体和鲁菲尼终末。海氏小体数量最丰富，而格兰氏小体在水鸟的喙中也很丰富。这两种小体的神经末梢周围都包裹着分层的、椭圆形的胶原蛋白囊，囊的任何扭曲都通过囊层传递到神经末梢，并刺激神经末梢发出神经冲动。另外两种感

受器没有被包裹，而是游离的神经末梢。在皮肤上，感觉通常是通过羽毛的运动来传递的——嵌入皮肤的部分羽轴会推动附近皮肤中的触觉感受器。

许多鸟类用喙来探测、检验和搅动水流，用触觉而非其他感官来寻找食物。几维鸟是夜行动物，视力很差，它们利用嗅觉和触觉在松软的地面寻找无脊椎动物。杓鹬和鹬等滨鸟视力很好，但它们觅食时是"盲目"搜寻的。滨鸟的喙探入潮湿的沙子时，会在沙粒周围的水中产

ⓥ 发达的触觉让金刚鹦鹉能够使用它们强大的喙作为温柔的梳理工具

Ⓐ 当涉禽用喙探测松软的地面时，它们可以感觉到附近穴居沙蚕或其他猎物的移动

Ⓐ 猫头鹰和许多其他鸟类的喙周围有高度敏感的毛羽，用于近距离互动，如互相梳理羽毛

生压力波——如果遇到固体，比如穴居软体动物，这种压力波就会被阻挡。通过反复快速的探测（就像缝纫机高速缝制）和感知之前压力波的振动模式，这些鸟类可以快速计算出可能的食物位置。

鸭子的喙尖有一个凹坑密集区，其中含有海氏小体、格兰氏小体和一些鲁菲尼终末——如果你仔细观察，可以看到这些微小的凹陷。它们组成了所谓的喙尖器官，它所收集的信息，以及来自味蕾的数据，可以帮助鸭子判断它在水中啄取的东西是否是食物。

羽毛和触觉

对皮肤的触觉引导着鸟类的梳理行为，这对于保持羽毛整齐有序、完好无损、没有杂物至关重要。鸟类无法有效地梳理自身头部的所有羽毛，长喙鸟类甚至可能对自身颈部的羽毛也无能为力，但它们会梳理彼此的羽毛——这种特殊的接触方式有助于建立和巩固繁殖伴侣或家庭成员之间的关系。

一些特殊的羽毛是有效的触觉器官。没有羽枝、发丝状的毛羽遍布全身。翅膀上的毛羽通过神经与小脑相连，而小脑是负责协调运动的脑结构，这些毛羽输入的触觉感受有助于鸟类在飞行过程中根据需要调整自己的姿势。面部周围的毛羽可以帮助鸟类处理食物，并以恰当的方式喂养幼鸟，这对某些鸟类来说非常重要，比如鸭类，因为它们的近景视力很差。面部毛羽的敏感性让鸟类在用喙对付潜在危险的猎物时能够闭上眼睛保护自己。

额外的感官

除了视觉、听觉、嗅觉、味觉和触觉，鸟类（和其他动物）还有额外的感官来帮助它们获取外界信息，其中最卓越而又最奇特的是它们感知磁场的能力。

地球的磁场是因地核中熔融的铁而产生的，它就像一块巨大的磁铁，磁极大致与地理上的南北极一致，磁力线在两极之间环绕地球。地磁场，也就是地球磁层，帮助我们免受太阳辐射的伤害，同时也为那些能够探测到它的动物提供了一种导航方式。

鸟类的眼睛前方和鼻孔深处都有磁铁矿（磁性氧化铁）晶体，这意味着它们能感知地球磁场。目前已经证实，对某些鸟种来说，处于磁场中时进入眼睛的光线会触发不同的视网膜反应，这意味着它们的眼睛可以充当指南针。我们尚未完全理解鸟类的磁感应机制，但鸟类或许可以有效地"看到"磁力线——有强有力的证据表明，磁场本身就足以

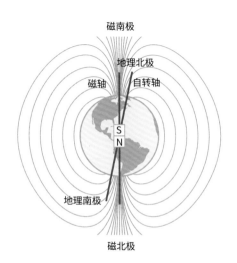

磁南极
地理北极
磁轴　自转轴
磁北极
S
N
地理南极
磁北极

⊲ 地球的磁场是由地心的铁核产生的，是一种可靠的导航辅助，许多候鸟和其他动物都会利用磁场

⊙ 猛禽经常在空中大幅度操控翅膀和身体做出特技飞行——前庭系统帮助它们保持头部稳定

⊙ 感知地球磁场的能力可以帮助像欧亚鸲（分布区北部的迁徙种群）这样的鸟类在迁徙过程中正确导航

改变它们的迁徙导航。有趣的是，在欧亚鸲（*Erithacus rubecula*）和其他一些物种中，人们发现成年个体只有右眼的"眼睛罗盘"起作用，而左眼"罗盘"在出生后的第一年就消失了。

鸟类还拥有感知温度和疼痛变化的受体神经末梢。温度感受器和伤害感受器都是皮肤上的游离神经末梢。感知疼痛的伤害感受器是触觉和热感受细胞的高阈值改良版——它们只有在压力或温度变化强到足够造成伤害时才会受到刺激。

平衡觉

将听觉信息传递到大脑的前庭蜗神经，也负责从前庭系统传递信号，前庭系统与平衡有关。前庭系统位于内耳的耳蜗上方，由三个充满液体的环路——半规管组成，每个环路的方向都不同，都连接到一个更大的，称为前庭的空间。前庭包含两个感觉细胞囊，称为耳石器官。前庭系统的功能是向大脑发送有关鸟类头部在空间中的位置以及与身体关系的信息，这样鸟就能感知倾斜和旋转运动。耳石器官中的毛细胞通过前庭蜗神经将前庭液体运动的信息传递给大脑。当鸟类在空中快速地倾斜和旋转身体时，前庭系统帮助它保持头部平衡。你可能会注意到，当你观察一只鸟，比如暴雪鹱（*Fulmarus glacialis*）或一只鸢在盘旋飞行时，即使它倾斜至翅膀与地面垂直，它的头部仍然保持绝对水平。

6

循环系统

血液是氧气到达身体各个部位的载体，氧气对所有消耗能量的生理活动都至关重要。鸟类经常在日常生活中消耗大量的能量，因此需要保持血液的强劲流动。

- 鸟类的循环系统
- 心脏
- 血管

- 血液成分
- 激素与腺体
- 淋巴系统与免疫系统

▷ 一只活跃的蜂鸟，肌肉消耗氧气的速度是顶级人类运动员在最大运动强度下消耗氧气速度的十倍

鸟类的循环系统

鸟类体内的所有活组织都有不同的功能。为了执行相应的生理功能，它们需要获取能量，并清除代谢废物。循环系统就负责这种能量输送和废物处理。

鸟类高耗能的生活方式离不开循环系统的强力运转。血液根据需要将氧气、营养、激素、废物和其他代谢产物运输到肌肉、器官和其他身体组织。血液通过血管网络输送到全身，并通过心脏的泵送保持流动。动脉是从心脏向外输送的血管，将含氧血液输送到身体组织，而返回心脏的低氧血液则由静脉输送。

ⓥ 当蜂鸟从栖木上起飞，开始盘旋和飞行时，它的心率可能会提升为原来的四倍

循环系统的比较

鸟类的循环系统与哺乳动物的相似。心脏有四个腔室，血液沿着双循环系统流动，低氧的血液被泵送到肺（肺循环），然后，一旦携带好氧气，则回到心脏并被泵送到身体的其他部位（体循环）。然而，鸟类的心脏比同等大小的哺乳动物的心脏更大，跳动更快，泵出的血量也更大。一般来说，体型越小的鸟类心率越快，而体型最小、最活跃的鸟类——蜂鸟心率最快。蓝喉宝石蜂鸟（*Lampornis clemenciae*）活跃时的心率可以达到每分钟 1260 次。蜂鸟在休息时心率仍然很快，大约每分钟 250 次，但在寒冷的夜晚，当它处于保存能量的休眠状态时，心率可能会下降到每分钟不到 100 次。

鸟类体内还有一个由器官和管道组成的淋巴循环系统，负责从组织中清除多余的液体和蛋白质并将其送回血液中。淋巴系统也是免疫系统的组成部分之一，其携带的白细胞能够识别并消灭侵入体内的细菌和被病毒感染的细胞。

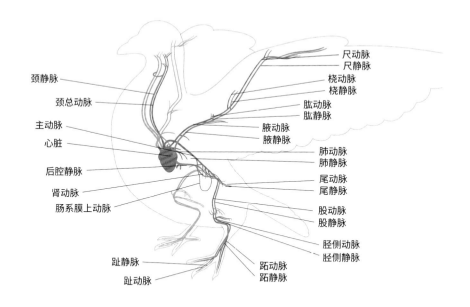

颈静脉
颈总动脉
主动脉
心脏
后腔静脉
肾动脉
肠系膜上动脉
趾静脉
趾动脉
跖动脉
跖静脉

尺动脉
尺静脉
桡动脉
桡静脉
肱动脉
肱静脉
腋动脉
腋静脉
肺动脉
肺静脉
尾动脉
尾静脉
股动脉
股静脉
胫侧动脉
胫侧静脉

ⓐ 家鸽血液循环系统中的主要血管

ⓥ 和其他平胸鸟类一样，鸸鹋的心率相对较慢，与人类的心率相当

心脏

　　一颗完美运作的心脏对野生鸟类的生存至关重要。这个肌肉组成的器官在总体结构上比大多数其他重要器官都要简单，但在细胞水平上，它是一台精细调节的机器，它的活动受到一系列精确协调的电化学过程的调节。

　　鸟的心脏由四个腔室组成，左心房和右心房在上，左心室和右心室在下，它们被一种叫作心包的厚膜所包裹。左右两侧之间没有直接连通，但同侧的心房与心室之间通过瓣膜连接。来自肺部的新鲜含氧血液经左心房进入心脏，然后进入左心室。回到心脏的缺氧血液通过右心房进入，然后经右心室泵送到肺部。因为左心室要比右心室泵血更远，所以左心室更大，具有更厚的肌肉壁。

　　构成心脏的心肌在结构上与骨骼肌相似，但它的收缩是无意识的。在右心房，有一簇特化的起搏细胞（p细胞），它们共同构成窦房结。这些细胞在静息状态下带有负电荷。当神经冲动进入窦房结时，会使它们的电荷由负向正转换。这种状态的改变传递到附近的心肌细胞，并迅速扩散，导致两个心房收缩。电脉冲向下传递到心室，心室也会收缩，完成一次心跳。

　　如果窦房结失效，位于左心房和右心室之间的第二簇p细胞，即房室结，

 太阳鸟新陈代谢率高，心率快，这有赖于能量丰富的花蜜

可以接管心脏起搏器的角色。位于心脏较低位置的第三个节点——房室束，也能发挥作用，尽管它们的效率都比较低。它们的正常功能是传递始于窦房结的电脉冲。

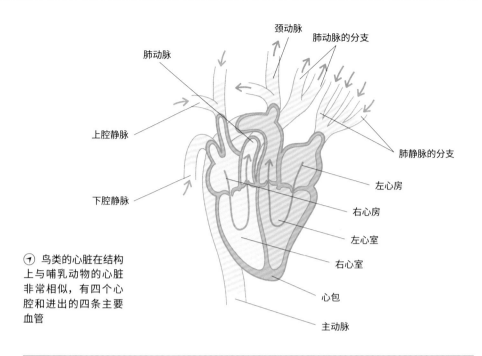

颈动脉

肺动脉的分支

肺动脉

上腔静脉

肺静脉的分支

左心房

右心房

下腔静脉

左心室

右心室

心包

主动脉

⊙ 鸟类的心脏在结构上与哺乳动物的心脏非常相似，有四个心腔和进出的四条主要血管

心脏的比较

大多数小型鸟类的心脏占其体重的 1% 或更多，蜂鸟的心脏占其体重的 2% 以上。相比之下，人类心脏约占体重的 0.3%，兔子和猫约占 0.45% 和 0.27% 左右。不会飞的或飞行能力较弱的鸟相应的有比较小的心脏——例如，鸵的心脏约占体重的 0.2%。一些鸮的心脏按比例也很小，比如眼镜鸮（*Pulsatrix perspicillata*），这是一种森林物种，主要通过从栖木上猛扑猎物来捕猎。鸟类典型的飞行方式也与心脏的大小有很大关系。习惯翱翔并在地面搜寻腐肉的鹫的心脏比积极追逐猎物的隼的心脏要小。

Ⓐ 凤头鸲（*Eudromia elegans*）是一种类似鸡的鸟，与平胸类有亲缘关系，与身体大小相比，它的心脏明显较小

血管

血管将血液从心脏输送到身体组织，然后再返回心脏，可以将它看成是产生支流和小溪的河流。

进出心脏的主要血管有四条，将血液送出心脏的血管（动脉）与将血液送回心脏的血管（静脉）结构完全不同。新鲜的含氧血液从肺部通过肺静脉到达左心房，然后通过主动脉（身体最大的动脉）离开左心室，流向身体的其他部位。当这些血液返回心脏时，氧气已消耗殆尽，它通过腔静脉（身体最大的静脉）进入右心房，然后流入右心室，并通过肺动脉泵入肺部，重新携带氧气。主动脉和肺动脉都会分支成更小的动脉，而腔静脉和肺静脉则由更小的静脉汇集而来。最小的动脉和静脉分别被称为小动脉和小静脉——毛细血管直接从小动脉分支并直接供给小静脉。

身体其他主要静脉和动脉以它们所到达的身体部位命名：肱动脉／肱静脉是服务于翅膀的动脉／静脉，股动脉／股静脉往返于腿部，以此类推。肝门静脉将血液从消化道输送到肝脏——它并非真正的静脉，因为它不返回心脏。

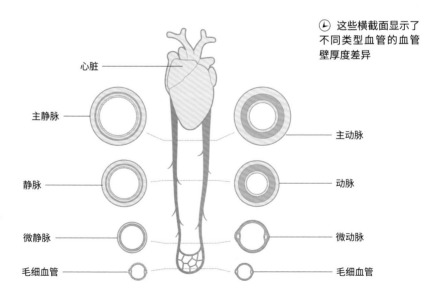

⏱ 这些横截面显示了不同类型血管的血管壁厚度差异

心脏

主静脉

静脉

微静脉

毛细血管

主动脉

动脉

微动脉

毛细血管

靠近心脏的动脉有充满弹性纤维的厚壁，能够扩张以适应被泵入血液的压力，而每次血液涌入后，动脉壁的反弹则有助于推动血液流动。离心脏越远，血压越低，动脉壁所含的平滑肌就越多，弹性纤维组织就越少。静脉壁相对较薄，可以扩张以容纳大量的血液。大静脉含有防止血液回流的瓣膜。

气体、营养物质和其他分子的交换是通过毛细血管壁进行的——毛细血管是最小的血管。毛细血管根据血管壁的渗透性分为三种类型。大多数是连续毛细血管，只能通过构成血管壁的细胞层之间的微小空隙来释放和吸收水分子。有孔毛细血管的壁上具孔，可以允许更大的分子通过。而窦状毛细血管的壁上空隙更大，大到足以让整个细胞进出，

⚤ 独特的血管排列使得像阿德利企鹅（*Pygoscelis adeliae*）这样在寒冷气候下生活的鸟类可以在冰上行走而不冻脚

比如骨髓中发现的窦状毛细血管，新的血细胞需要从这里进入循环系统。

调节体温

除了输送血液，循环系统在调节体温方面也发挥作用。小动脉可以根据需要扩张或收缩以散失或保存热量，动脉和静脉也能小幅度扩张或收缩。生活在严寒环境中的鸟类，脚上有复杂的血管网络，提供了一个逆流热交换系统。流入的动脉携带着温暖的血液，被流出的静脉包围着，因此能将热量传递给静脉。这样可以防止脚部的血液冻结，也意味着血液在返回身体时会被加热。

血液成分

血液是身体中运输物质和转运废物的综合系统，将营养物质、酶、激素等运送到需要它们的地方，并将废物运送到鸟类排泄的地方。

血液主要由液体（血浆）组成，但也含有执行不同功能的各种细胞——鸟类的血细胞与哺乳动物的血细胞在若干方面有所不同。除去血细胞后，血浆是一种淡黄色液体，主要由水（85%）组成。它携带着氨基酸、蛋白质、葡萄糖、激素、抗体和废物等分子，以及钠、钙和其他元素（电解质）的带电离子，这些物质通过毛细血管壁进出血液。

血液中最丰富的细胞是红细胞，它们含有能携带氧气的铁基分子——血红蛋白，使血液呈现红色。氧分子与血红蛋白结合——每个血红蛋白分子结合四个氧分子，在适当的时候被释放到血浆中，被身体组织吸收。二氧化碳是细胞活动产生的废物，它的存在促进了氧气的释放。鸟类的红细胞是含有细胞核的椭圆形扁平细胞，不像哺乳动物的红细胞那样在发育过程中失去了细胞核。

鸟类的红细胞比哺乳动物的略大，

⏱ 强力运转的循环系统为鸟类提供了避免在空战中受伤所需的能量

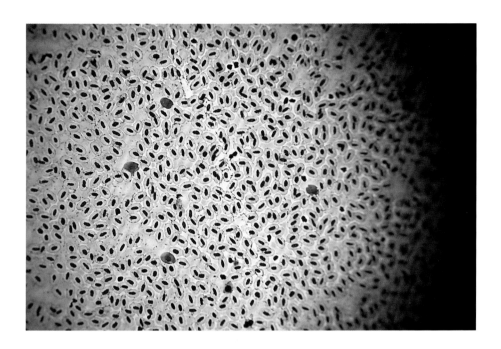

⊙ 显微镜下可见鸟类红细胞的细胞核

每立方毫米血液中约有250万~400万个红细胞，比大多数哺乳动物的红细胞要少（例如，人类每立方毫米血液中有410万~590万个红细胞，猫的红细胞密度为每立方毫米590万~990万个）。鸟类的红细胞可以存活28到45天，不到大多数哺乳动物红细胞寿命的一半；当它们的生命接近尾声时，细胞膜结构会发生变化，从而成为白细胞的攻击目标，被吞噬并分解。白细胞是免疫系统的活性成分，包括淋巴细胞和各种类型的粒细胞（见第104页）。红细胞、凝血细胞和白细胞都在骨髓中发育。

凝血

鸟类血液中还含有凝血细胞，这是有核的血细胞，相当于人类血液中微小的无核血小板。像血小板一样，凝血细胞也在凝血中起作用，在胶原蛋白（存在于血管外层，因此血液接触胶原蛋白就表明血管受损）存在时变得黏稠。然而，凝血细胞比血小板大得多，而且有细胞核，它们的黏性也较低，不会形成多层聚集。由于凝血细胞和血小板之间的差异，鸟类比哺乳动物更不容易出现导致心脏病和中风的血管阻塞问题。

激素与腺体

血液的重要作用之一是将激素运送至体内各处。这些激素调节着广泛的生理过程，所以血液中每种激素的浓度在每天、每月和每年都有显著的波动。

激素从各种腺体和其他器官释放到血液中，同时也有腺体将其分泌到体外。激素，以及释放激素的腺体和器官都是鸟类内分泌系统的一部分。各种激素的作用主要是调节和刺激，使水、盐和其他物质的水平保持在维持健康功能的适当范围（内稳态）内，并控制鸟体内的循环过程。激素活动支配着生殖周期、睡眠周期和换羽周期，也参与生长、新陈代谢、血钙和血糖水平的平衡以及各方面的行为。有些激素的作用是刺激其他腺体释放激素。激素的化学结构各不相同——大多数是蛋白质，还有一些是氧化脂肪酸和类固醇。它们与靶组织中细胞膜上的受体位点以化学方式结合，触发各种细胞过程。

大脑中的脑垂体会释放七种激素：促卵泡激素使卵巢中的卵子"成熟"；黄体生成素刺激卵巢和睾丸产生"性激素"；催乳素影响窝卵数和亲代抚育的程度；生长激素刺激生长；促肾上腺皮质激素有助于调节睡眠／觉醒周期；促

甲状腺激素调节甲状腺的活动；促黑素
影响黑色素在体内的沉积。

　　产生激素的其他重要腺体包括：胰
腺，产生与调节血糖有关的胰岛素和其
他激素；喉部的甲状腺和甲状旁腺，释
放影响体温和食物代谢的激素；肾脏上
方的肾上腺，由交感神经和副交感神经
系统控制，它调节血压，参与面对压力
时"战斗或逃跑"的反应。性腺（睾丸
和卵巢）的腺体组织分泌三种性激素：
雌激素、睾酮和黄体酮，都在促进性功
能和繁殖行为方面发挥作用。

不分泌激素的腺体

　　向外分泌的非激素腺体包括尾基部
的尾脂腺，它存在于大多数鸟类和绝大
部分的水鸟中，用于产生梳理羽毛用的
油脂，鸟类把它涂在羽毛上以提升防水
性能，阻止寄生虫，有时还散发出特殊
的气味。位于海鸟眼睛上方的盐腺从血
液中过滤多余的盐，并通过导管分泌到
鼻孔，在那里排出体外。

ⓐ　信天翁从不需要喝淡水，因为它们的盐
腺可以排出海水中多余的盐

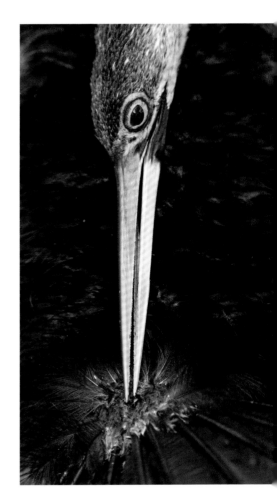

ⓒ　求偶行为，比如雄性军舰鸟的喉囊膨
胀，是由一年中某些时期的激素平衡变化所
引发的

ⓢ　美洲蛇鹈（*Anhinga Anhinga*）用喙从尾
脂腺中获取油脂

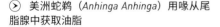

淋巴系统与免疫系统

淋巴系统是一种脉管系统，它输送淋巴液或组织液，与血管相通，在身体的免疫反应中起着关键作用。

当体内可能存在有害细胞时，免疫系统的工作是找到并清除或摧毁它们。这些细胞可能是细菌或其他病原体，也可能是鸟类自身受损、自然凋亡或被病毒"接管"的细胞。执行这一功能的是白细胞。淋巴管与血管没有太大的区别，小的毛细淋巴管汇入较大的淋巴管，组成网络。然而，因为淋巴是单向流动而非连续循环的系统，毛细淋巴管具有盲端。它们具有可渗透的管壁，许多组织中多余的组织液或淋巴液从细胞间隙渗入其中。淋巴液沿着较大的淋巴管输送，这些淋巴管有可收缩的管壁和瓣膜来防止回流，最终通过上胸部或颈部的管道进入血液循环系统。一些不会飞的鸟类淋巴系统中有一种叫作淋巴心的肌肉结构，它沿着淋巴管泵送淋巴液。（在飞行的鸟类中，正常活动时的肌肉收缩足以推动淋巴液向前流动。）

淋巴细胞和粒细胞

淋巴细胞和粒细胞这两类白细胞形成于骨髓中，成熟后通过淋巴进入血液。淋巴细胞主要有两种类型。B淋巴

④ B淋巴细胞产生的抗体与血液中"外来"细胞细胞膜上的抗原结合，将它们标记为"杀手"T淋巴细胞的目标

结合点位

抗体A

抗体B

抗原A

抗原B

细胞（简称 B 细胞）产生抗体，即与病原细胞膜上特定结构（抗原）结合的蛋白质。抗体将病原细胞标记为 T 淋巴细胞（简称 T 细胞）的目标，T 淋巴细胞通过分泌分子来攻击和摧毁它们。一些种类的 T 细胞被归类为"辅助细胞"而不是"杀手细胞"，因为它们帮助 B 细胞形成抗体。B 细胞和 T 细胞构成了免疫系统的"适应性应答"部分，在遇到特定病原体的时候将会激增，从而在未来更快、更有效地攻击同一病原体（获得性免疫反应）。粒细胞也攻击病原细胞，但它们在血液中的丰度不受过去活动的影响。

T 细胞在胸腺中成熟，胸腺是喉部的一个结构。B 细胞在鸟类特有的被称

⚠ 当迁徙的鸟类，如雪雁和针尾鸭（Anas acuta），聚集在一起时，疾病就很容易在它们之间传播

为腔上囊的淋巴器官中成熟，腔上囊是鸟类泄殖腔（消化道和生殖道离开体内的部位）的一个突出部分。哺乳动物中已知的第三种淋巴细胞——自然杀伤细胞（简称 NK 细胞），它攻击感染病毒的细胞和形成肿瘤的细胞——可能也存在于鸟类中。

鸟类的粒细胞不像淋巴细胞那么多，但更活跃（能够在血液中移动并进入组织），因此对任何异常或异类细胞都能特别迅速地做出反应。它们是吞噬细胞，通过将靶细胞包裹在细胞膜内并溶解（分解）其内容物来破坏靶细胞。

7

呼吸系统

　　鸟类的呼吸系统是一个巧妙的自然奇迹，它兼具了效率和与其他身体系统的紧密结合，使一些鸟类能够连续鸣唱，长时间努力飞行，甚至边飞边鸣。

⊙　鸣禽可以在呼吸循环的各个时点发出相同音量的声音

鸟类的呼吸系统

　　鸟类的身体需要大量的氧气，尤其是在飞行时。氧气是释放能量的关键，但这一过程会产生二氧化碳，而二氧化碳过量对生物体是有害的，必须从血液中清除。鸟类有复杂的呼吸系统来满足这两项需求。

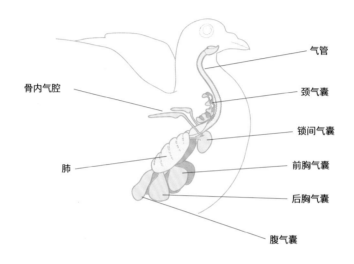

气管

颈气囊

锁间气囊

前胸气囊

后胸气囊

腹气囊

骨内气腔

肺

∧ 鸟类的呼吸系统

　　像哺乳动物一样，鸟类通过鼻孔或偶尔张开的嘴巴吸入空气，空气通过气管进入肺部。在肺内进行气体交换，氧气通过毛细血管进入血液（见第98—99页），二氧化碳从毛细血管扩散到肺内的气腔（见第110—111页）。

　　与哺乳动物相比，鸟类的肺比例较小，而且它们是刚性的，不随着每次吸气和呼气而扩张和收缩。然而，在鸟类的呼吸循环中，肺只是其中的一部分。鸟类身体内部空间更大的一部分被气囊

系统占据，它通过肺部吸入空气。由于气囊的排列方式，鸟类的呼吸循环是单向的，空气只能单向流动。因此，它比哺乳动物的呼吸效率高得多，每次呼吸都从肺部获取完全新鲜的空气，而不是新鲜空气与残余"旧空气"的混合。

　　这种呼吸系统使鸟类能够在氧含量远低于人类耐受水平的条件下充分活动。例如，斑头雁（*Anser indicus*）每年迁徙时都会飞越喜马拉雅山脉，甚至有人看到它们飞过珠穆朗玛峰。这一壮

举需要在 7000 多米的高空飞行，那里的空气含氧量仅为海平面的 10%。高空的空气密度也低得多，这使它们需要耗费更多能量来快速拍打翅膀维持飞行。

ⓐ 斑头雁曾被记录在极高的海拔飞行，那里的氧气水平极低，但它们没有表现出明显的困难

ⓥ 相对于它们的体型，像蓝喉歌鸲（Luscinia svecica）这样的小鸟发出的鸣唱十分响亮，可以传到很远的地方

呼吸和鸣唱

　　鸟类独特而高效的呼吸系统也解释了它们的发声能力，特别是在吸气和呼气时连续鸣唱的能力。鸣管是气管底部的一个结构，是鸟类的发声器官（见第 114—115 页）。但气管本身通常是由紧密堆叠的软骨环组成的相对简单的管道，通过一个叫作喉的"阀门"开口于口腔底部。虽然喉是人类的"发声器"，但在鸟类中，它并不参与声音的产生。

肺的结构

鸟类深呼吸的感觉一定和我们人类的很不一样。我们的肺就像风箱一样，在我们呼吸的时候扩张并吸进空气，但在鸟类中，气囊才是风箱，而肺是不灵活的。

鸟类高效的呼吸系统使得鸟类的肺相对较小——只有类似大小的哺乳动物肺的一半大，而且它们的微结构也与哺乳动物的肺有所不同。鸟类呼吸时的气体流动模式是这样的：一个完整的呼吸循环，即同一口气经过整个呼吸系统，包括两组吸气和呼气。每个呼吸循环的第二部分与下一个循环的第一部分同时发生。

气管在鸣管之后分成两个分支（主支气管），每个主支气管进入两肺中的一个，并在另一端伸出，进入后气囊系统（见第112—113页）。每个主支气管沿其纵轴分出侧支（次级支气管），但在第一次吸气时，空气大多绕过这些分支，沿着支气管直接进入身体后部的后气囊系统。在第一次呼气时，腹部肌肉挤压这些气囊，将空气推回支气管，再推入肺部，进行气体交换。

次级支气管又分支为数百个平行支气管，再进一步分支为微支气管。它们像毛细血管一样是连续的，而不像哺乳动物肺中的肺泡是"死胡同"。微支气

ⓥ 鳄鱼和鸟类在呼吸解剖学上表现出相当多的相似之处——这是它们密切的演化关系的遗产

管网络与同样密集的毛细血管网络密切接触，通过它们的管壁进行气体交换。氧气耗尽的空气通过支气管离开肺部，并在第二次吸气时流动到身体前半部的前气囊，然后在第二次呼气时，它通过气管直接离开身体，不再通过肺部。这种安排意味着只有新吸入的富氧空气才能通过肺部。

呼吸系统的比较

哺乳动物的肺与鸟类的肺有很大的不同，它们有弹性，可扩张，而且充当

⊙ 黑琴鸡（*Lyrurus tetrix*）在求偶场中不停地鸣叫，这得益于鸟类独特的呼吸系统

气体交换点的是封闭、葡萄状的肺泡，而不是连续的微支气管。哺乳动物没有气囊，所有进入肺部的空气都通过相同的路径返回。肺位于充满液体的空间（胸膜腔）中，这使得它们能够扩张——当它们扩张时，膈（肺下面的一层肌肉）向下弯曲。鸟类既没有胸膜腔也没有膈。

鳄鱼是现存的与鸟类最近的亲戚，它们的肺部也有单向气流，但它们没有气囊，相反，它们的每个肺都有两个支气管，空气通过一个支气管流入，并从另一个支气管流出。化石证据表明，许多恐龙的呼吸系统与现代鸟类相似。

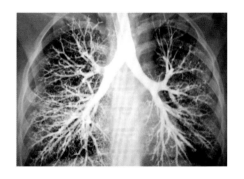

⊙ 人类和其他哺乳动物的肺在比例上比鸟类的肺大得多，也不那么坚硬

气囊

鸟类的气囊系统可以高效地通过肺部输送大量的空气，必要的时候，还可以储存空气。

鸟类的气囊加起来（大多数种类有9个）占据了身体的大量空间（约15%的体积），并且可以膨胀容纳10倍于肺部的空气。气囊分为不同的两组：后部组在肺部之后，包括一对腹气囊和一对后胸气囊，前部组与肺齐平或位于肺之前，包括一对前胸气囊和一对颈气囊。第9个是单个的锁骨间气囊，它一直延伸到肱骨的气腔（见第108页）。

气囊不包含肺组织，也不参与气体交换——它们的作用只是在身体中储存并输送空气。气囊的壁很薄，没有血液供应，由非常有弹性的半透明结缔组织构成。它们不含肌肉组织，相反，气囊的扩张或收缩是由周围的腹部和胸部肌肉收缩驱动的。这意味着胸骨的前后运动，以及胸腔的打开和收缩贯穿着整个呼吸循环。因此，当你持握一只鸟的时候，永远不要挤压它的胸部，这一点非常重要，妨碍胸骨移动会很快导致鸟类窒息。

⌄ 气囊提供了氧气储备，让普通鸬鹚（*Phalacrocorax carbo*）这样的潜水鸟类得以在水下停留更长时间

偶尔，气囊会破裂，典型的原因是外伤。遭受这种伤害的鸟类会因为空气泄漏而在皮肤下形成明显的肿胀。

协调行动

当鸟类飞行时，呼吸循环和气囊的充气及排气与振翅协同工作，胸部肌肉收缩和放松，使翅膀周而复始地上下拍动。对于在奔跑或在水面上游泳的鸟类来说，腿部踏步的循环也与此相协调，而对于在水下游泳时用翅膀推进的鸟类来说，振翅的循环也与此相协调。

对于潜水的鸟类来说，气囊中的空气在水下可作为氧气储存使用，而对于极度深潜的物种，比如企鹅，气囊可能还有助于保护肺部和气管免受深海水压的挤压。企鹅的气囊很大，但其实心骨

⊗ 普通翠鸟（*Alcedo atthis*）捕猎的潜水时间很短，但能量消耗非常大，所以气囊中储存的额外氧气可能至关重要

也比飞鸟更多，所以没有充气骨提供的额外空气容量。

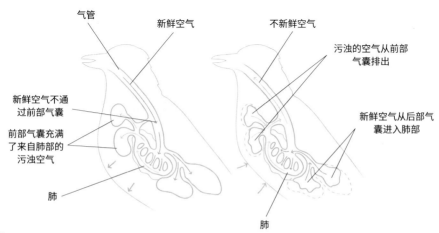

气管 新鲜空气 不新鲜空气

污浊的空气从前部气囊排出

新鲜空气不通过前部气囊

前部气囊充满了来自肺部的污浊空气

新鲜空气从后部气囊进入肺部

肺

肺

⊙ 鸟类呼吸系统中气体的流向

发声器官

鸟类在发声方面表现得非常出色。许多种鸟能创作出优美的天然歌曲，数百年以来一直激励着作家和音乐家，而另一些鸟能够完美地模仿各种声音，从人类语言到工业机械。

即使在不太熟练的"歌手"中，每个物种也都有自己独特的由气息产生的声音，无论是喇叭声、尖叫声、打嗝声、哼哼声、嗞鸣声、咕咕声、口哨声或哀鸣声，使鸟类能够识别彼此并进行交流，使观鸟者能够识别他们听到的每个物种。鸟类的发声器官是鸣管，这是鸟类特有的器官，它的结构和鸟类特有的呼吸循环是鸟类如此善于发声的原因。

鸣管是呼吸道的一部分，几乎所有鸟类的鸣管都是由气管的最基部和两个

主支气管的最上部组成的。它的外壁由软骨构成，就像气管的主要部分一样。鸣管被鸣肌包围，鸣肌可以收缩改变鸣管的形状，从而影响鸟类鸣声的音调。

在气管到支气管的分支处，有一小段管壁由软骨性变为膜性，被称为鸣膜。当呼出的空气产生振动时，这些因振动而变形折叠的鸣膜就会发出声音，鸣骨也是如此——鸣骨是位于分支处中心的一根纤细软骨。在少数鸟类（包括鸦和夜鹰）中，鸣管只占据气管而不占据支气管，而在其他一些鸟类（蚁鸟和它们的近亲，以及油鸱）中，每个支气管中有两个独立的鸣管，但不延伸到气管。

多种声音

因为鸣管通常包括两个支气管的顶部，所以鸟类可能同时发出两种不同的

家八哥（*Acridotheres tristis*）是以善于模仿声音而闻名的鸟类之一，这项本领是因鸟类的鸣管而实现的

声音，每边的分支各自发声。鸟类也可以通过重复的呼吸循环不断发声，这使得歌鸲和某些莺类可以不停地唱歌。油鸱在栖息的黑暗洞穴中飞行，不断地由两条不同的鸣管发出声音，在我们听来像单次咔哒声，但其实是由多种频率组成的。通过倾听自身叫声的回声，它们可以感知其他鸟类和洞穴墙壁的位置，从而成为少数几种能够回声定位的鸟类之一。然而，鸟类从未演化出像蝙蝠那样复杂的回声定位功能。蝙蝠夜间可以在大多数黑暗的森林环境中飞行捕食昆虫，但夜鹰在开阔的栖息地表现更好，因为它们可以借助视觉而非声音来寻找并追踪猎物。

(>) 大多数果蝠，不像它们的食虫表亲，不使用回声定位，而是像鸟类一样更多地依靠良好的视力来找到周围的路

(^) 长尾夜鹰（*Caprimulgus macrurus*）和它的亲戚一样，具有气管鸣管，用来发出青蛙般的叫声和鸣唱

鸟类的鸣唱与声音

鸟类的外貌和个性都很迷人，但它们美妙的声音更让我们感到愉悦。它们独特而令人印象深刻的高效呼吸系统使它们能够发出各种声音。

虽然有些鸟类的发声能力非常有限，但其他许多鸟类绝对是艺术大师。雀形目是所有鸟类中物种数最多的一个目，俗称鸣禽。它们当中有一些著名的"歌手"，例如欧亚大陆的新疆歌鸲（*Luscinia megarhynchos*）和云雀（*Alauda arvensis*），它们优美的嗓音在诗歌中被人们称颂并流芳百世。在美洲，棕林鸫（*Hylocichla mustelina*）和歌鹪鹩（*Cyphorhinus arada*）是倍受推崇的"音乐家"。鸣禽往往会发出甜美动听的歌声，尽管其背后的意图平淡无奇——鸣唱是雄性（偶尔也是雌性）阻止竞争对手进入其领地的方式，也是向潜在配偶发出的邀请。

除了鸣禽，其他著名的鸟类歌手包括歌声飘渺、颤音美妙的夜鹰，声闻九天的鹤，声音洪亮而甜美的鸻鹬类和其他滨鸟，以及嗓音低沉的鸦和雕鸮。所有这些声音都来自于非凡的鸣管，这个器官位于鸟类气管底部，其鸣膜在吸气和呼气时都能产生共鸣。这就是为什么黑斑蝗莺（*Locustella naevia*）可以来来回回鸣唱几分钟不停歇，也是为什么云雀在拼命飞行以躲避捕食者时还可以不停地鸣叫——持续不断的鸣叫是健康的标志，好使捕食者知难而退，放弃继续追击。

⌃ 蝗莺发出一种连续的、令人头晕目眩的鸣唱，伴有非常快速的咔哒声，类似于蝗虫的声音

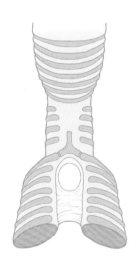

⌃ 典型鸣禽的鸣管

 像许多多才多艺的鸟类歌唱家一样，欧歌鸲生性害羞，羽色单调

另类的声音

有些鸟类通过其他方式来发出宣示领地的声音。沙锥在快速俯冲飞行中张开尾羽来发出声音。与内侧尾羽相比，外侧尾羽容易变形，当沙锥快速飞行时，外侧尾羽会在空中来回拍打，发出一种奇怪的咩咩声。啄木鸟在空心的、能产生共振的树上快速敲击，产生敲击"音符"组成的简短乐句。它们巨大的长舌头缠绕在大脑后部，帮助它们在敲击时避免头部受伤。一些鸟类，包括斑尾林鸽（*Columba palumbus*）、某些夜鹰和短耳鸮（*Asio flammeus*），在飞行中会发出响亮的翅膀拍打声，这是它们求偶"歌声"的一部分。这种声音是向上挥翅结束时，双翅在身体上方相互撞击而产生的。

正如我们在本章中提到的，一些鸟类改造了气管和鸣管，使它们能够发出更大的声音。鸮鹦鹉是分布于新西兰的一种奇怪的不会飞的鹦鹉，它通过一种与众不同的方式来提高鸣叫的效果。雄性鸮鹦鹉会在地上挖几个碟形的坑，这些坑可以放大它低沉的叫声，让声音可以传到约5千米之外。被这种声音吸引的雌性会穿过森林的地面去寻找雄性并与之交配。

气体交换

鸟体内的细胞不断地消耗氧气并释放二氧化碳。这两种气体的相互作用是呼吸过程中至关重要的组成部分。

当地球上开始演化出生命时，我们星球的大气层富含二氧化碳和水蒸气。最早的绿色植物——海洋藻类——利用这两种气体产生葡萄糖，作为其代谢反应的能量来源，并释放出氧气作为副产品。这种由光能催化的化学反应就是光合作用。随着光合作用植物在世界范围内的扩散，它们的活动提高了地球大气中的氧气水平。动物演化出在细胞里使用氧气，从储存的葡萄糖中释放能量的化学反应。这种反应就是有氧呼吸，产生的副产品是二氧化碳——二氧化碳被呼出，然后返回到大气中。

大气中二氧化碳和氧气的平衡使植物和动物得以生存，并相互依赖。在大气中，各种气体分子（主要是氮气，但还有 21% 的氧气、0.04% 的二氧化碳和 0.4%~1% 的水蒸气）均匀分布，因为气体会从浓度高的区域向浓度低的区域移动（扩散）。气体溶解在液体中，以及气体通过其他气体时都会发生扩散。

⌄ 如果没有丰富的植物向大气中释放氧气，鸟类和其他动物就无法在地球上生存

当氧气通过肺部的微支气管膜和周围的毛细血管膜时，它迅速与血液中的血红蛋白分子结合。这意味着微支气管中的游离氧浓度总是比血液中更高，所以更多的氧气从肺部进入血液，而不是反向扩散。

血液中的二氧化碳浓度总是比空气中高得多，因为身体组织不断地产生二氧化碳，所以二氧化碳更容易从血液中进入肺部，而不是从肺部进入血液。血液中过量的二氧化碳（高碳酸血症）会对身体产生一系列有害影响，包括血酸中毒，在这种情况下，很快会引发鸟类呼吸频率加快。

大气中含量最丰富的气体——氮气——不会与血液或其他组织中的任何化合物发生反应，因此，尽管它可以自由地穿越细胞膜，但它在血液中的浓度与肺部空气中的浓度没有显著差异。

应急储备

当鸟类的肌肉异常卖力地工作时，它们进行能量释放反应所需的氧气可能会超过氧气供应。在这种情况下，葡萄糖可以在没有氧气的情况下（无氧呼吸）释放能量，但这个反应会释放乳酸（一种在肌肉中高浓度堆积的有机分子）作为副产品，外加一个自由氢离子。这些氢离子的积累会使肌肉的 pH 值更偏酸性，从而产生烧灼感。因此，在恢复有氧呼吸之前，完全的无氧呼吸不能持续很长时间。

适应与特化

　　大气的变化，以及鸟类耗费体力的活动，都可能对保持身体供氧充足这一任务构成挑战。鸟类通过行为变化来应对这些问题（在一定程度上），一些物种表现出对特定条件的永久适应能力。

　　就像心率一样，鸟类的呼吸频率也会根据需要而变化。当鸟从静止状态起飞时，身体对氧气的需求会急剧增加，呼吸频率和心率也会相应上升。呼吸频率对体温调节也很重要，由于鸟类没有汗腺，所以喘气是它们散失多余热量的主要方式。鸟在喘气时，通过张开的嘴从肺部蒸发水分，从而散失热量，所以必须多喝水，以免脱水。

ⓐ 和陆生鸟类相比，深潜鸟类的血液可以携带更多的氧气

　　一些鸟类拥有永久的适应能力来帮助它们在低氧环境中生存。这些物种包括如生活在山区林线以上的雷鸟这样的山地专家，斑头雁这样的候鸟和黑白兀鹫（*Gyps rueppelli*）这样翱翔的鸟类，它们通常在非常高的海拔飞行。这些鸟拥有的各种解剖和生理特征，帮助它们从呼吸的空气中最大限度地的获取氧气。它们的肺更大，血红蛋白结合氧气

ⓒ 雄性号声极乐鸟外表平凡的身体里隐藏着一个特殊的螺旋状细长气管，用来发出响亮的叫声

的速度更快，微支气管和毛细血管之间的膜更薄，能让气体更快地扩散，肌肉（骨骼肌和心肌）也能更有效地利用氧气。当然，这些适应能力是建立在一个已经非常高效的呼吸系统之上的——即便是非特化的鸟类，似乎也比大小相当的哺乳动物更能适应低氧环境。

潜水的鸟类必须长时间屏住呼吸，它们的适应包括更大的血容量和更丰富的血红蛋白供应，以携带额外的氧气。例如，凤头潜鸭（一种潜水的鸭子）体内储存的氧气比绿头鸭（一种浮水的鸭子）多 70%。与不潜水的鸟类相比，潜水的鸟类对血液中高浓度二氧化碳的耐受力也更高。在水下时，鸟类心率会减慢，身体的其他部分，比如大脑，会减少对氧气的需求，以帮助节省氧气储备。

嘹亮的叫声

鹤以其响亮的叫声而闻名，它们细长的气管有助于发出更洪亮的声音。这种变化也存在于其他一些鸟类中，在号声极乐鸟（*Phonygammus keraudrenii*）中达到了极致。号声极乐鸟是一种原产于新几内亚和澳大利亚的极乐鸟，其雄性的气管大约是体长的三倍，在胸腔内呈同心螺线管状排列。这种奇怪的结构使这种鸟的叫声能够穿越雨林数千米之远，以吸引雌性（它们的气管长度正常）。

⌄ 黑白兀鹫被记录到于 11 300 米的高度飞行

⌄ "二重唱"是鹤求偶仪式的组成部分，它们会形成持久的伴侣关系

121

8

消化系统

　　高度的机动性使鸟类善于寻找食物，但对于那些飞鸟来说，需要保持足够轻的重量才能飞到空中，这对鸟类进食和消化的方式都产生了影响。

- 鸟类的消化系统
- 消化道对食物的加工
- 喙及舌的结构

- 对食物的特殊适应
- 唾余
- 肾及其他器官

▷　冬天，太平鸟可以以惊人的速度进食浆果——在寒冷的温度下的进食速度比在暖和的环境中快 3 倍

鸟类的消化系统

鸟类取食各种各样的有机物，并构建自己的身体细胞，通过分解和重组这些食物来获取能量。消化过程涉及几个步骤和几个相互连通的器官，因为有机物质以不同的方式分解。

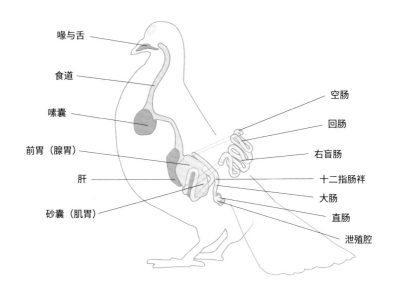

喙与舌
食道
嗉囊
前胃（腺胃）
肝
砂囊（肌胃）

空肠
回肠
右盲肠
十二指肠襻
大肠
直肠
泄殖腔

胃肠道实际上是一根长管。尽管它沿着长度分成几个不同的部分，各自执行特定的功能，但它的总体功能是分解鸟吃下去的所有东西，提取所有有价值的成分，并排出残余部分。

鸟类没有牙齿，而且大多数鸟类没有特别大的或可活动的舌头，因此食物经常被完整地或大块地吞下，通过食道到达嗉囊。食道，像消化道的其他部分一样，由平滑肌构成，通过肌肉收缩带来的起伏（蠕动）将食物向下推。嗉囊是食道向外突起的囊，而不是胃本身，

⊙ 鸽子的消化道

它可以湿润并软化吞咽的食物。嗉囊通常非常大，并且具有高度可扩展性。鸽子等为幼鸟反刍食物的鸟类将食物储存在嗉囊里，对于需要快速吃掉大量食物的鸟类来说，这也是一个至关重要的食物储存处，比如鹭类，它们的进食机会难以预测，还有蜂鸟，它们经常被更凶猛的对手从富含花蜜的花朵旁赶走。不过有些鸟类没有嗉囊——其中包括雁、鸮和三趾鹑。

真正的食物分解始于前胃。前胃是消化道中的一个小腺体腔，连接在嗉囊之后，能够分泌消化蛋白质的酶。食物从前胃进入砂囊，砂囊是一个肌肉器官，通过强大的收缩来研磨食物。鸟类消化道的这两部分相当于人类的胃。

⋀ 兀鹫可以在嗉囊中储存大量的肉，这意味着它们可以在更大的食腐动物赶走它们之前快速吃掉尸体

肠道

砂囊之后是小肠袢，这是一种管状结构，内壁排列着细小的手指状突起（绒毛）。小肠分为三个区域：起点是十二指肠，中部是空肠，最后一部分是回肠。在靠近砂囊的十二指肠中，食物与胆囊的排出物混合，胆囊收集并储存肝脏产生的胆汁，以及胰腺分泌的消化酶。

食物在通过小肠后会变成流体，剩下的有用营养物质很少，非常短的大肠或结肠主要吸收额外的水分。在大多数鸟类中，有两个狭窄的囊从结肠延伸出来，这些是盲肠，它们在分解某些类型的食物，吸收某些盐和水方面发挥作用。粪便通过鸟类唯一的排泄口（也是生殖腔）——泄殖腔排出体外。

消化道对食物的加工

在鸟的身体内，构建新细胞和组织以及维持各种内循环的过程都发生在微观的细胞层面上。

只有非常小的简单分子才能进出细胞，所以食物需要在消化过程中被分解到这个水平才能被利用。这涉及到机械加工和化学分解过程。大多数鸟类的口腔会分泌唾液，使食物湿润，更容易吞咽。在一些鸟类中，唾液还含有淀粉酶，这是食物遇到的第一种消化酶。消化酶是一类蛋白质分子，它通过"锁定"分子上的特定位点来打破将分子结合在一起的化学键。唾液淀粉酶将大的碳水化合物分子分解成小片段，在吞咽后这个过程仍将继续。许多鸟类也会在嘴里产生黏液来帮助吞咽，金丝燕就是用这种黏液来筑巢。

有些食物在咽下之前可能会被撕碎或压扁，但一般来说，在鸟类口腔中进行的机械加工比哺乳动物少得多。嗉囊不会释放酶，但会分泌一种黏液，通过溶解食物的可溶部分来软化食物。

大部分早期食物加工都在前胃和砂囊中进行。前胃将胃酸和蛋白酶（消化蛋白质的酶）分泌到食物中，砂囊则通过强力收缩将食物进行物理分解。食物被周期性地挤压回前胃，进一步被酶浸泡，然后再回到砂囊。吃坚硬食物的鸟类，例如食谷鸟类，经常吞下砂砾和其

⊙ 鸟类粪便中的白色成分主要是由肾脏从血液中过滤出来的尿酸

他石头，这些石头留在砂囊中，有助于进一步磨碎食物。骨骼和皮毛等非常难以消化的成分在砂囊中被压实成唾余并吐出来（见第134—135页）。

肝脏分泌的胆汁经由胆囊从十二指肠的起点进入肠道。胆汁具有乳化作用——它们聚集在食物中的脂质（脂肪）液滴周围，阻止它们结合成更大的颗粒。这些液滴由脂肪酶分解。脂肪酶是消化脂肪的酶，从胰腺释放到小肠。胰液还含有蛋白酶和淀粉酶，它们分别作用于蛋白质和碳水化合物。

最后的阶段

通过消化酶的作用，碳水化合物被分解成葡萄糖和其他单糖，蛋白质被分解成氨基酸，脂肪被分解成脂肪酸。

⌃　冬天，如果能吃到坚果等富含蛋白质的食物，就能提高小型鸟类的生存概率

这些分子足够小，可以通过肠绒毛中的毛细血管被吸收到血液中。然后它们在血液中被运送到需要它们的地方，或者被储存起来。（例如，多余的葡萄糖被储存在肌肉组织和肝脏中，当这些储存满时，它被转化为脂肪并储存在脂肪组织中。）

除了蛋白质、脂肪、碳水化合物和水，食物还含有少量其他重要的微量营养素，如维生素和矿物质。这些都被小肠和大肠吸收。食物中不能被身体利用的部分（包括过量的某些营养物质）会被排出体外。鸟类的粪便中还含有由肾脏过滤出来的尿酸，以及多余的水，因为鸟类没有膀胱或单独的尿道口。

喙及舌的结构

由于缺乏能够操纵物体的前肢，鸟类几乎所有的食物处理都是用喙和舌头完成的，鸟类喙的大小和形状反映了它们的饮食多样性。

鸟喙是一个相当灵活的敏感结构，由上喙（上颌和鼻骨组合而成）及下喙组成。它由骨骼构成，外面覆盖着一层会持续生长和磨损的坚硬角蛋白。

在雀形目中，两种喙形占主导地位。食虫鸟类，例如莺，往往拥有很长、很细、精巧的喙，通常轻微向下弯曲。它们是为了速度、细致而非力量而设计的，可以在狭小的空间里感受并抓住可能迅速移动、但又小又软、易于控制的食物。像雀类这样的食种子鸟类有着圆锥形的厚喙，边缘锋利，咬合力强大，适合压碎种子，这样就可以去除无法消化的外壳。杂食动物，如莺雀和鸫，喙部形状折中，既纤细

到足以探查，又强大到足以压碎水果和柔软的种子。

在其他鸟类类群中，喙的形状包括猛禽尖端钩状的喙，用于从踩在脚下的大型猎物身上撕下大块的肉，以及鸭子和其他一些水鸟敏感而扁平的喙，用于从水中过滤食物。海番鸭等海鸭的喙基部较厚，它们用喙碾碎软体动物的壳，用相对较大而厚的舌头处理猎物，在吞咽之前将壳丢弃。

不同的舌头

大多数鸟类的舌头相对较小、简单、尖锐，适合收入下颌中。它由小的骨头支撑，基部附近有一些倒生的肉

<⊙ 企鹅的舌头强壮多刺，可以对付滑溜溜的猎物

(∧) 红胸秋沙鸭等秋沙鸭类的喙上有锯齿状的齿突，用来抓鱼

(∧) 猎杀和捕食脊椎动物的鸟类有钩状的喙，用来撕扯体型庞大、身体强壮的猎物

(∧) 鸫是杂食动物，它们的喙能处理无脊椎动物，也能处理水果和柔软的种子

(∧) 食种子鸟的喙呈圆锥形，尖细的顶端用来捡拾种子，粗壮的基部用来压碎种子

刺，以帮助吞咽。例如鹦鹉，它们的舌头厚而圆，像手指一样，用于在嘴里移动食物，并参与发声。吸蜜鹦鹉是一类吃花蜜的鹦鹉，它们的舌尖像刷子一样，用来摄取液体食物。蜂鸟的长舌呈叉状，舌尖合在一起聚拢花蜜。然后舌头的上半部分弯曲，产生抽吸作用，将花蜜吸进嘴里。啄木鸟用它们极长、多刺、黏糊糊的舌头从树皮的深裂缝和蚂蚁在地下的洞穴里收集它的昆虫猎物。企鹅的舌头全部是带刺

(∧) 美洲绿翅鸭用它扁平、衬有栉板的喙过滤水中的小食物

的，在吞咽时能更好地抓住滑溜溜的猎物。

对食物的特殊适应

很少有植物或动物不是鸟类取食的对象。即使是众所周知难以消化的食物，如坚韧的草叶或腐烂的肉，也是某些鸟类的主食。它们的消化系统表现出一系列适应能力。

有机物主要由碳、氢和氧组成。这些元素的原子通过化学键结合成不同类型的分子，有些是链状的，有些是环状的，还有很多又大又复杂，既有链又有环，还有额外的扭曲和折叠。化学键的强度和数量影响到它们分解成简单小分子的难易程度。

草含有坚韧的碳水化合物：纤维素和木质素。大多数动物根本不能消化这些化合物，但以草为食的鸟类，如雁，

⌃ 䴙䴘给它们的雏鸟喂鱼吃，也会给雏鸟喂食羽毛，以保护它们的内脏免受尖锐的刺和骨头的伤害

⌄ 王鹫的消化道是强酸性的，可以清除腐肉中的有害细菌

> 蜂鸟的肠道能非常迅速地从它们喝下的花蜜中吸收糖分

被认为能够在一定程度上分解这些化合物，这要归功于它们超长的盲肠中特殊细菌的发酵。胡兀鹫是少数几种能够消化骨头的鸟类之一，这要归功于它强大的胃酸，事实上，它们的饮食中可能有高达90%是陈旧、干燥的碎骨片。

所有鸟类都有肠道菌群。肠道菌群能给鸟类带来各种好处，包括帮助分解食物和排除毒素。其中一些可能存在于消化道的毒素是由鸟类食用的其他非定居细菌产生的。食腐动物如新大陆鹫[1]会吃掉大量已经开始腐烂并含有潜在有害细菌的食物。为了弥补这一点，鹫类消化系统的酸性足以杀死大部分细菌，而且这些鸟类对致病菌释放毒素的耐受性也比大多数鸟类高得多。

蜂鸟主要以花蜜为食，其消化过程极其迅速，只需15～20分钟就能完全清空嗉囊里的花蜜。（对大多数鸟类来说，这需要一个多小时。）花蜜从嗉囊直接进入小肠，并几乎立刻成为能量来源，只有像小昆虫这样的固体才会在胃里停留进行处理。整个消化过程不到一个小时，大约97%的糖被吸收。

饲喂雏鸟

鸟类吞食的一些食物可能会伤害到它们，这对年幼的鸟类来说是一种特别的风险。为雏鸟收集食物时，食虫鸟类会将大型甲虫幼虫的头部去掉，因为这些幼虫如果被活着吞下，可能会从雏鸟身体里咬个洞出来。你可能会看到一只成年翠鸟把柔软的羽毛和整条小鱼一起喂给它的雏鸟——羽毛被认为有助于保护幼鸟的消化道不被锋利的鱼骨或刺伤害。

---

1. 新大陆鹫指分布于美洲的美洲鹫、王鹫、神鹫等，共5属7种。它们与秃鹫等分布于欧亚大陆和非洲的旧大陆鹫习性类似但亲缘关系较远。

特殊的饮食

无论在什么环境中，最成功的鸟类都是杂食动物。食物的多样性提高了生存的机会，但我们的地球也为饮食极度特化的物种提供了生存的空间，它们有特殊的结构匹配相应的饮食。

对饮食的专精最清晰地反映在鸟喙的形状上。在雀类中，有一个属特别突出——交嘴雀属（Loxia）。交嘴雀的上下颌尖端延长并相互交叉，形成了一个完美的工具，可以从紧密排列的松果鳞片中取出松子。交嘴雀还擅长用它们强壮、具有长爪的脚来控制松果。另一种抽取专家是食螺鸢（Rostrhamus sociabilis），它有着非常长且向下弯曲的喙尖，用来将蜗牛的软体部分从壳中取出。弯嘴鸻是一种分布于新西兰的小型涉禽，它细长的喙尖部向侧面弯曲，人们认为这是为了

适应在辫状河床的砾石中搜寻无脊椎猎物。

很少有鸟吃树叶，因为树叶细胞壁中含有难以消化的纤维素和木质素。松鸡（Tetrao）是一类大型森林鸡类，冬天只吃松针，依靠盲肠细菌来帮助它发酵这种难以消化的食物。然而，在温暖的季节，它们会取食其他食物，生活在盲肠里的细菌群落也会随着这种饮食变化而季节性变化。生活在

⌄ 食螺鸢独特的喙是演化过程中形成的精巧的蜗牛捕食工具

⊙ 大多数食鱼鸟类用喙捕捉猎物，但鹗用的是底部具有刺状鳞片、带长爪的脚

⊙ 松鸡吃松针，这是最难消化的食物之一，它们只能在发酵细菌的帮助下分解松针

⊙ 麝雉闻起来像牛粪，这是因为其嗉囊中的细菌群落与牛胃中的相似

极度弯曲的爪覆盖着指向后方的鳞片，这样的结构特别适于抓住光滑的猎物。

花蜜提供纯葡萄糖和其他单糖，无需进一步分解，身体细胞可以很快地利用它们来提供能量。以花蜜为食的鸟类包括蜂鸟、太阳鸟、寻蜜鸟和食蜜鸟，同时，许多其他小鸟偶尔也会采食一些花蜜。对这种饮食的适应包括蜂鸟的"捷径"胃，它允许花蜜从嗉囊直接进入小肠，而食物中富含蛋白质的成分则被留在胃中消化。

宽嘴的鸟

雨燕和燕在飞行中捕捉昆虫为食。它们的嘴巴特别宽大，可以迅速地吞下捕获的虫子，这样它们就可以不间断地继续捕猎。食蝠鸢，非洲和东南亚的一种猛禽，也具有不同寻常的宽嘴，但它捕捉的猎物更大——它能捕捉并吞下飞行中的小型蝙蝠。凭借异常迅速的消化过程，它可以连续快速地吃掉几只蝙蝠，这一特性使它能够充分利用每日傍晚蝙蝠离开栖息地时短暂但丰富的捕猎机会。

南美森林里的麝雉以树叶为食，像松鸡和其他以树叶为食的动物一样，需要体内细菌群落的帮助，通过发酵来分解纤维素。然而，麝雉的食物发酵发生在嗉囊而不是盲肠中，并让它带有一种非常独特的气味，让人想起牛粪，这可能会让捕食者失去食欲。

鹗是一种专门吃鱼的猛禽，与大多数食鱼鸟类不同，它用脚而不是喙捕捉猎物。鹗的脚趾短而粗壮，底部具有刺状鳞片，长而

唾余

对于以其他动物为食的鸟类来说，大多数食物都含有它们无法消化的部分。这些鸟类不会费力地挑出食物中柔软、可消化的部分，而是常常一口吞下，然后把所有无法消化的部分压缩成唾余吐出来。

即使是最强大的掠食性鸟类也不能花太长时间进食。周围总有其他掠食者和食腐动物试图偷走猎物。因此，鸟类吃得很快，然后再处理吞下的骨头碎片等。大多数猛禽（鹰、隼和其他日行性猛禽）捕食时都会在一定程度上撕裂猎物，不会吞下较大的骨头。鸮类往往会完整或大块地吞下大部分猎物，唯一的例外是给非常年幼的雏鸟喂食时，此时亲鸟会撕下小块的肉。然而，在一两周

ⓥ 骨头和毛发最多只能进入鸮的砂囊，然后被挤压成唾余并吐出来

内，亲鸟就开始给雏鸟喂食更大而完整的猎物，而且雏鸟开始自己生产唾余。

当吞下的食物到达砂囊后，只有被分解成足够小块才能继续沿消化道下行。剩下的被砂囊收缩挤压在一起，尽可能干燥，然后以唾余的形式反流并吐出来。通常，一只鸮或日行性猛禽每餐会产生一个唾余，在进食几小时后吐出。在吐出唾余前，鸟类无法再次进食。

像头骨这样的大块骨头通常完整地出现在鸮类唾余中，以骨头为食的胡兀鹫会积极寻找鸮类唾余来补充进食。其他猛禽的唾余中往往只有骨头碎片，但通常包含一些可识别的身体部位，如羽毛和皮毛。因此，分析唾余的内容是确定鸟类食谱的一个好方法，分析粪便也可以达到同样的效果，但难度要大得多。通常也很容易分辨唾余是哪种鸟吐出的，因为同种鸟类唾余的大小和外观往往相当一致。

何处寻找唾余

鸮类和其他猛禽的唾余聚集在它们

⌃ 因为鸦类会囫囵吞下猎物，所以它们的食物通常含有完整的头骨或其他大骨头

⌃ 鸟类的唾余在砂囊中被压缩至光滑、圆润的丸状，这样吐出时就不会伤害食道

最喜欢的栖息地及鸟巢周围。唾余中被捕食的哺乳动物的皮毛经常牢牢地黏在一起，在吐出后的几周内仍然完好无损。其他鸟类则倾向于随意吐出唾余。翠鸟的唾余由鱼骨和鳞片组成，食虫鸟类的唾余由坚硬的昆虫外骨骼组成，水鸟的唾余中含有软体动物和甲壳动物的碎壳。这些类型的唾余都很难找到，因为它们又干又小，分解很快。

有些唾余是由植物组织而非动物残骸组成的。秃鼻乌鸦是杂食动物，会在麦田收获后捡食遗落的谷物，之后可能吐出完全由麦糠组成的易碎的白色唾余。

⌄ 森林地面上的唾余会泄露猛禽栖息的地点

肾及其他器官

体内水分的平衡对鸟类的生存至关重要，因为它们要飞行，因此必须保持低体重，不可能携带大量液体。鸟类的泌尿系统有助于保持适当的体液平衡。

水分通过呼吸时的蒸发和排泄不断流失，所以必须通过饮水补充。然而，过量的水会过度稀释血液。因此，鸟类的身体不断地从血液和消化道中排出和回收水分，以维持平衡。

像其他脊椎动物一样，鸟类通过两个肾脏过滤血液，保留血液中的血细胞、有用分子和大部分水分，同时提取尿酸（蛋白质分解的副产品）和其他废物并排泄出去。鸟类的肾脏长而窄，具有小叶结构，位于消化道上方。肾皮质（外层）内有许多肾单位，每个肾单位包含一个空心囊，以及囊内的一束毛细血管（肾小球），空心囊连接到收集尿液的集合小管。血浆通过肾小球毛细血管的膜进入囊内，然后电解质和其他代谢物与一些水一起被过滤回来，残留在囊中的物质进入集合小管。

🕒 鸟的泌尿系统和
肾脏内肾单位的结构

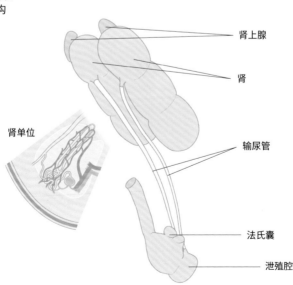

肾上腺

肾

肾单位

输尿管

法氏囊

泄殖腔

> 水比较重，难以在体内携带，所以大多数鸟类一次只喝少量的水

尿液通过集合小管最终到达输尿管，输尿管是连接肾脏和泄殖腔的两根长管道。尿液被排入泄殖腔，从那里向上进入结肠和盲肠。在这里，尿液中的水分根据身体的需要被重新吸收，而尿酸则加入粪便中并排出体外，构成了鸟类粪便中白色的部分。

结肠对水分的重吸收有助于弥补鸟类肾脏效率相对低下的事实。然而，在缺水的情况下，鸟类的生存状况通常仍不如哺乳动物，尽管它们更好的机动性意味着它们比许多哺乳动物更容易找到水源。

鸟类的肾脏还有一个额外的作用，即利用非碳水化合物分子（如氨基酸和脂肪酸）生成葡萄糖（以满足能量需求）。这个过程称为糖异生，对饮食中天然碳水化合物含量较低的鸟类特别重要。

鸟类如何喝水

大多数鸟类喝水时直接饮水入嘴，或者用舌头舀水，然后抬起头来吞咽。

⊗ 信天翁的喙经常滴下盐腺分泌的盐水

鸠鸽类可以直接吸水，水通过毛细作用（液体在细管内上升的趋势）被吸入几乎闭合的嘴，然后通过舌头的推动运动被送入喉。喝海水的海鸟可以通过眼睛前面的盐腺排出多余的盐分（见第103页）。

肝和脾

体内有些器官很难被归为某一个系统，而是与多个系统相关联，履行多种功能。这类器官包括腹部的两个主要器官——肝和脾。

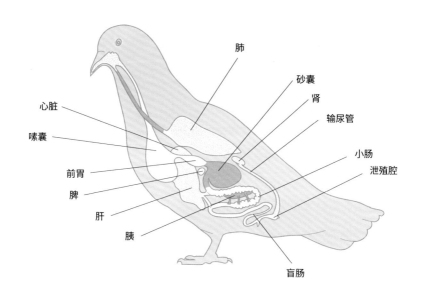

肝是一个大而重要的器官，位于心脏后面的腹腔内。它比其他内脏器官呈现出更深的红棕色，但刚孵出的鸟的肝脏是黄色的。与哺乳动物的肝脏相比，鸟类的肝脏分叶结构不那么明显，尽管它同样具有两个不同的部分。每个部分都有自己的胆管，经胆囊通向十二指肠。肝脏通过肝门静脉接收来自消化道的血液，主要功能之一是滤出并储存鸟最近一餐中获取的葡萄糖。肝脏还能将血液中潜在的有害物质分解成危害较小的化合物。

肝脏执行的一长串生理功能还包括从血液中清除胆红素（衰老红细胞分解的副产物，

⊙ 典型鸟类的主要内脏。肝和胰虽然不是消化道的直接组成部分，但在消化过程中起着重要的作用

积累过多时是有害的）；为代谢脂肪而产生胆汁；储存脂溶性维生素、铁、铜，供日后使用；产生血浆蛋白，合成脂肪（由脂肪酸合成）和某些激素。从比例上看，鸟类的肝脏比哺乳动物的大。肝脏的大部分基础的功能是由肝细胞完成的，它是相对较大而复杂的细胞，含有许多细胞器。而肝巨噬细胞是分解细胞和毒素的主要场所，它是一种吞噬细胞（通过吞噬有害细胞和分子使其失去活性的细胞）。

脾

鸟类的脾脏是一个相当大而柔软的器官，视种类不同而呈圆形或金字塔形，位于前胃旁边或右侧。尽管靠近胃肠道，但脾不参与消化过程，而是参与血液过滤和免疫反应。至少在一些鸟类物种中，它的大小会随季节更替而产生大幅度变化，其原因尚不明确。

在哺乳动物中，脾脏已被证实具有许多功能。它是免疫系统中携带抗体的淋巴细胞成熟和储存的场所；它是红细胞的一个重要储存区域，也能过滤掉老化和受损的红

（∧）在垃圾堆觅食的鸥类经常受到肉毒杆菌中毒的影响

细胞和血小板，并储存这一过程中有用的副产品，然后再将它们送回骨髓；它生产调理素，这是一种化合物，通过在细胞表面"标记"抗原来协助免疫应答，从而使白细胞瞄准目标。然而，鸟类脾脏的功能并没有像哺乳动物那样得到充分研究，其功能可能有所不同——例如，鸟类的脾脏似乎不储存红细胞。

9

生殖系统

鸟类最吸引人的某些特征——鲜艳的颜色、悦耳的歌声和搭建的巢穴，都是寻找配偶和繁衍后代这一生物本能驱动的结果。

- 雄性和雌性的生殖系统
- 激素与繁殖
- 交配与受精
- 卵的形成与产卵
- 鸟卵的结构
- 多样的鸟卵和孵化方式

▷ 雌雄鸟的解剖结构差异决定了它们不同的繁殖行为。交配实际上是一种微妙的平衡动作

雄性和雌性的生殖系统

像其他大多数有性繁殖的生物一样，鸟类也有两种性别。在某些物种中，两性看起来很相似，其他物种则雌雄截然不同。然而，其内部生殖系统结构的种间差异十分微小。

雄性和雌性产生不同类型的配子（即"性细胞"，它们结合形成胚胎）。雄性产生精子——能够自由移动、数量丰富的小型配子。雌性产生卵子，卵子很大，不能自己移动，主要由卵黄构成，卵黄外面有一个白点（生发盘），它固定着细胞核。卵子产生的数量比精子少得多。每个配子包含父母一半的染色体，所以每个胚胎从父母那里各继承一半的基因。

精子和卵子形成于生殖腺，即雄性的精巢和雌性的卵巢。鸟类的生殖腺位于身体深处，靠近肾脏。雄鸟有两个具有功能的精巢，每个睾丸都有一个管道（输精管）通向泄殖腔，开口位于输尿管（连接肾脏和泄殖腔的管道）出口下方。精母细胞，即精细胞的前身，在精巢内的精细管中形成，成熟后成为精细胞。在大多数鸟类中，当雌鸟和雄鸟的泄殖腔相互接触时，精子从雄鸟转移到雌鸟，但在雁鸭类、平胸类和其他一些科中，雄性的泄殖腔内有一个可以从内向外翻出的器官，相当于哺乳动物的阴茎，它从泄殖腔伸出并插入雌性的泄殖

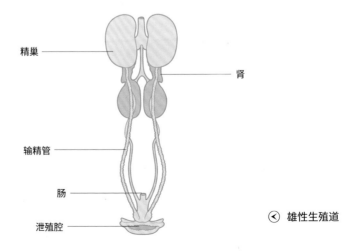

精巢

肾

输精管

肠

泄殖腔

◁ 雄性生殖道

腔。有些鸟种的"阴茎"短而直，而有些鸟种的"阴茎"长且呈螺旋状。

大多数鸟类的雌性只有一套功能正常的卵巢和输卵管，位于左侧——右侧生殖器官从未完全发育。猛禽是个例外，它们通常有两套发育完全、功能正常的卵巢和输卵管。虽然输卵管是单一的连续管道，但它加宽的部分，即蛋壳与卵子结合的地方，被称为子宫，而进入泄殖腔之前的最后部分被称为阴道。鸟类卵巢的滤泡内含有 500～4000 个卵母细胞（将成熟为卵子的细胞）。含有成熟卵子的滤泡比其他滤泡大得多，使活跃的卵巢看起来像一串葡萄。

性别的决定

胚胎发育成雄鸟还是雌鸟取决于它从母亲那里继承了哪条性染色体。在鸟

像大多数鸟类一样，蜂虎将臀部贴在一起通过"泄殖腔之吻"进行交配

类中，雄性的两条性染色体是相同的（ZZ），而雌性的性染色体不同（ZW）。父母双方各传递一条性染色体给它们的每只雏鸟。雄性总是提供一条 Z 染色体，雌性要么提供一条 Z 染色体，要么提供一条 W 染色体。从雌性那里继承 Z 染色体的雏鸟是雄性（ZZ），继承 W 染色体的是雌性（ZW）。

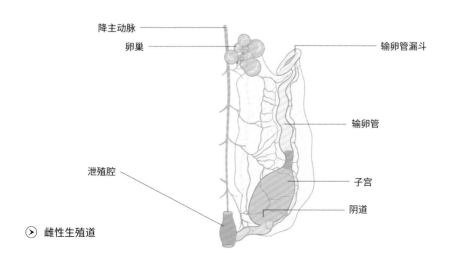

雌性生殖道

婚配制度

天鹅和它们的伴侣共度一生，但这种终身一夫一妻制只是鸟类一系列不同婚配制度中的一种。鸟类如何经营它们的爱情生活与其后代需要的照顾类型和程度有关。

一夫一妻制在鸟类中比在哺乳动物中更常见。哺乳动物幼体在母亲体内发育，出生时只吃母乳。所以，在大多数情况下，父亲的角色是有限或根本不存在的。然而，鸟卵需要几乎不间断的温暖，而且在多数情况下，雏鸟在孵出后的几周内需要每天定期喂食。这些任务对单亲妈妈来说是一种负担，所以让父母双方都参与进来会提升繁殖成功的可能性。一夫一妻制的鸟类通常很少或没有两性异型（见第 198 页），它们的求偶行为通常包括一种仪式化的抚育行为——雄性喂养雌性，以及炫耀自己的身体状况。

不过，表面上的一夫一妻制并不一定意味着忠诚。雄性和雌性都很少会放弃婚外交配的机会，因为这意味着雌性能产下基因多样性更高的后代，而雄性有机会在多个巢中留下后代。在这方面，已经被研究过的明显是一夫一妻制的鸟类中，大约 90% 的物种都存在婚外父权，而且发生婚外父权的比例可能非常高——大约 90% 的芦鹀（*Emberiza Schoeniclus*）巢中存在私生子，它们的父亲并非照顾这些雏鸟的雄鸟。然而，注意到自己带了绿帽子的雄性可能会减少它对巢穴投入的精力，因此这种婚外交配行为通常是偷偷摸摸的。

⌄ 天鹅会结成终身伴侣关系，它们共同养育的每一窝雏鸟都使它们的抚养技能不断提高

(>) 雌性芦鹀对它们的巢伴并不忠诚，但它做的非常谨慎

多配制

许多物种都存在多配制，即一只鸟有两个或两个以上的长期伴侣。多配制有三种形式——一妻多夫制（一个雌性与多个雄性配对）、一夫多妻制（一个雄性与多个雌性配对）和多夫多妻制（一对配偶中的两个成员都有额外的伴侣）。这三种形式可能存在于同一物种中，例如林岩鹨（*Prunella modularis*），它们会根据为幼鸟觅食的难易程度而调整策略。当资源稀缺时，一妻多夫制是一种有效的策略，由三只（或更多）亲鸟照料一个巢穴。一夫多妻制在食物充足时更为常见，此时雄性有足够的时间和精力为两巢幼鸟提供食物。

配对的变化

在产生完全早成雏（见第 172 页）的鸟类中，雄性在交配后经常是多余的，因此并不结成长期的配对关系。在这些物种中，雌性根据身体状况选择配偶，而雄性则通过竞争来展示自己的最佳状态，从而赢得尽可能多的交配机会。在这种"滥交"的物种中，通常存在明显的两性异型，雄性比雌性更大，颜色更鲜艳。然而总有例外，在天鹅和雁的例子中就打破了这一规则，即便它们的雏鸟是早成雏，从出壳第一天就开始自己觅食，但它们仍是严格的一夫一妻制。天鹅和雁的雄性在育雏过程中的作用不是提供食

(∧) 几乎每巢芦鹀的卵都来自至少两个不同的父亲

物，而是保护，它们非常认真地对待这项任务——因此，尽管羽色相同，但雄性比雌性更大、更强壮。在黑天鹅（*Cygnus atratus*）中，高达 25% 的配对是雄 – 雄配对，它们招引雌性来产卵，但在没有雌性的情况下孵卵并养育后代，它们在驱逐潜在捕食者方面能力出众，从而比雌雄配对更成功。

激素与繁殖

生殖周期由一系列对时间高度敏感的生理事件组成，由血液中携带的激素调节。复杂的激素平衡行为保证了生殖的效率及效果。

繁殖的欲望是强大的，这是生命延续所需要的。但建立和保卫繁殖领地、求偶、筑巢、孵卵和照顾雏鸟等行为都消耗了鸟类大量的时间和精力，这可能会对其长期生存产生重大影响。大多数鸟类都有固定的繁殖季节：在温带地区，尽管求偶和配对可能在初冬就开始，但大多数物种直到春天才开始筑巢，繁殖通常在仲夏完成。生殖腺，即产生配子、分泌睾酮和雌激素等性激素的腺体，在繁殖后变得不活跃，睾丸和卵巢的体积通常会急剧缩小——以短嘴鸦（*Corvus brachyrhynchos*）为例，每个睾丸在繁殖季节早期的重量是繁殖结束后的 19 倍。随着春天的临近，白天长度的变化会刺激下丘脑产生促性腺激素释放激素，下丘脑是大脑的一个区域，可以通过头骨直接探测光线。促性

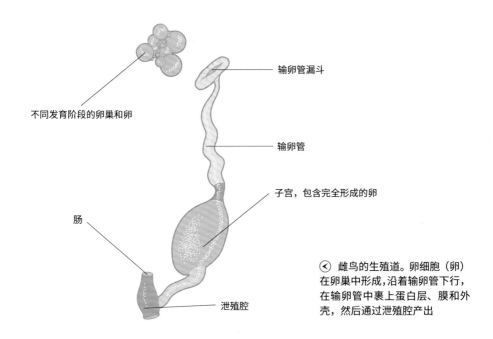

不同发育阶段的卵巢和卵

肠

输卵管漏斗

输卵管

子宫，包含完全形成的卵

泄殖腔

◁ 雌鸟的生殖道。卵细胞（卵）在卵巢中形成，沿着输卵管下行，在输卵管中裹上蛋白层、膜和外壳，然后通过泄殖腔产出

腺激素释放激素刺激垂体释放促黄体生成素和促卵泡激素，这两者都能刺激性腺生长并释放性激素。

当雄鸟血液中的睾酮浓度上升时，脑垂体会做出反应，释放更多的黄体生成素和促卵泡激素，直到血液中的睾酮浓度达到最佳水平。睾酮促进睾丸中精子的产生，并引发适当的性行为（包括对其他雄性的攻击）。然而，过多的睾酮可能是有害的，会降低免疫系统的有效性，使鸟类偏离正常的亲子行为，甚至会导致癌症，所以对睾酮水平的精细控制至关重要。在雌性中，卵巢释放的雌激素刺激卵母细胞成熟为卵子，也刺激雌性典型的繁殖行为。

鸟类的雌雄间体

一些非常罕见复杂的因素可能损害雌鸟的卵巢，使其停止释放雌激素。这可能导致未发育的右卵巢开始发育，但由于没有雌激素的雌化作用，它反而发育为睾丸，并释放睾酮。因此，这只鸟开始长出雄性的羽毛，表现出雄性化的行为——它甚至可能产生具有功能的精子。这种情况有时被称为雌雄间体，在老年的雌性雁鸭类中最常见，无论是在人工饲养环境还是安全的野生环境，如城镇公园中。

人工选育

几千年来，人们一直在圈养鸟类。就像自然选择意味着最"适于生存"的个体往往能繁殖并传递它们的性状一样，人们可以选择将哪些圈养个体放在一起配对繁殖，以延续人们喜欢的特征。

最常见的家养鸟类是鸡、鸭、鹅、鸽子、火鸡、珍珠鸡和金丝雀。它们都是现生的野生原型或祖先的后代。例如，所有家养的鸽子和它们自由生活的逃逸亲戚（街头鸽子）都是野生原鸽（*Columba livia*）的后代，原鸽生活在欧洲、北非和西亚崎岖不平的沿海地带。

人工选择的过程使我们能够培育出具有不同寻常结构特征的鸟类品系或品种，而这些特征在它们的野生近亲中是没有的。当一个不寻常的基因突变出现在野生种群中时，例如纯白色的鸽子，或者头上长着一簇细长羽毛的鸽子，自然选择通常会淘汰它们。然而，在圈养环境中出生的这种怪鸟不仅可能会存活下来，而且会比其"正常"的兄弟姐妹更容易遗传自己的基因，因为鸟类饲养者会欣赏长相不同寻常的鸟，并繁殖它们。如果这种奇怪的性状是隐性基因（这意味着它只在携带两份该基因副本的鸟类中表达，而不会在仅有一份基因副本的"携带者"中表达），那么将原始的古怪性状个体与它的后代进行回交将会产生更多具有这种性状的鸟类。随着时间的推移，不同的特征可以结合到同一个谱系中，这样育种者就可以生产出兼具白色羽毛和冠羽的鸽子。因为人工选择

是目的明确、精心配对的，所有后代都有可能存活，所以它比自然选择要快得多。

通过人工选择，我们培育出了个头超大的鸡鸭，它们有巨大的胸肌。印度跑鸭（*Anas platyrhynchos domesticus*）的盆骨位置与野生绿头鸭不同，能做出滑稽的直立姿势，并在陆地上快速奔跑，这使得它比其他鸭子更容易被"放牧"并四处转移。罗娜金丝雀（*Serinus canaria domesticus*）先天性耳蜗畸形，削弱了它听到高频声音的能力，这导致它创造出一种独特的低频鸣唱。

人工选育的后果

为了满足某种需求，满足好奇心，或者仅仅是为了迎合我们的审美，我们培育出这些不同寻常的家养品种，但这些品种本身往往生存能力不足，可能存在终身的健康问题。不过，赛鸽是一个例外，因为它们被培育得飞行速度快、身体强壮且具有优越的心理能力，所以逃逸的赛鸽往往能在野外繁荣兴旺。

⊙ 人工选育的家养鸟类延续并放大了许多我们珍视的品质，包括纯白的家鸽、黄色而非绿色野生型的家养金丝雀、下蛋多的鸡、比其野生祖先更温驯的珍珠鸡和火鸡，以及能站直但不会飞的印度跑鸭

交配与受精

选择配偶是困难而耗时的，特别是对一夫一妻制的鸟类来说。但即使是在一个漫长而温柔的求偶期之后，交配，也就是雄鸟给雌鸟授精的过程，通常是极其短暂而有失体面的。

通过求偶仪式，潜在的伴侣会评估彼此的健康状况、食物供应和筑巢能力，以及其他重要特征。一旦做出选择，交配就只是一种例行公事，不过在产下第一枚卵之前的几天里可能会反复多次交配。在雄性之间竞争激烈而没有持久配偶关系的物种中，交配本身的过程可能会更复杂。

为了交配，雄鸟必须在雌鸟背上保持平衡，有时还会衔住雌鸟颈部的羽毛以保持稳定。然后雄鸟必须向后倾斜身体，雌鸟则将尾巴扭到一边，并翘起臀部——这样一来，两者的泄殖腔就会接触，然后雄鸟射精。这种"泄殖腔之吻"很快，很容易出错，所以经常会出现短时间内反复交配的情况。

在那些雄性有阴茎的物种中，雄性在插入后射精。雌性鸵鸟在交配时俯卧，体型大得多的雄性鸵鸟跨坐在雌鸟

⊙ 雌绿头鸭无法阻止一门心思强迫交配的雄鸭，但它可以阻止雄鸭的精子到达它的卵子

身上，所以不存在平衡问题。雁鸭类通常在水上交配，这也解决了平衡问题。在一些雁鸭类物种中，可能发生强迫交配——这种行为在绿头鸭中很常见，因为雄性会侵犯在春天还没有开始筑巢的雌性。雌性无法阻止交配，但它的阴道里有几个具有盲端的额外通道，如果被强行交配，它的卵不会受精，所以它可以在一定程度上选择让哪个雄性成为孩子的父亲。林岩鹨是另一个雄性竞争激烈的物种，它表现出精子竞争行为——雄性在交配前会啄雌性的泄殖腔，以刺激雌性排出最近一次交配的精子。

从卵到胚胎

雄性射精后，精子会进入子宫底部的储精囊，尽管只有一小部分被成功储存——大多数会在雌性交配后第一次排便时丢失。一旦卵子从卵巢中释放出来并被收集到输卵管中，储存的精子就会被带到输卵管的顶部。它们游过卵子的表面，利用化学信息找到生发盘。可能有几个精子会进入生发盘，但只有一个会与卵子的细胞核融合，将其转化为受精卵——一个细胞核中包含全套染色体的单细胞。组成这些染色体的基因是由母本和父本共同贡献的，所以幼鸟注定会表现为父母性状的结合。当受精卵开始分裂时，如果染色体在复制过程中出

（∧）当雌性鸵鸟准备交配时，它会趴下——其他姿势对这些不会飞的长腿鸟类来说都不合适

现轻微差错，它也可能获得一些自己的新的基因突变。

几个小时内，受精卵就开始分裂，当鸟卵形成并产下时，它已经变成了一个胚胎，由许多已经开始分化为不同类型组织的细胞组成。

卵在雌鸟的输卵管内发育时，这只雌鸟可以被看作"怀孕"，尽管很少有外部变化可以表明这一事实。当雌鸟准备产卵时，它会待在巢附近，可能会在短时间内表现出不安或不适的迹象。但带着卵并不妨碍它四处移动或在必要时飞行的能力。

卵的形成与产卵

　　每种鸟类的繁殖方式都是产卵而不是怀孕，这使它们能够在不携带胚胎的情况下照料这些后代。这意味着正在繁殖的雌性不会失去飞行能力。

　　离开卵巢的成熟卵子已经含有卵黄。受精后，蛋黄的外层发育，并逐渐在卵黄的两端形成延伸的螺旋带，这是因为随着蛋白（蛋清）的包裹，卵在通过输卵管的过程中不断翻转。这两条螺旋带就是卵带，可以帮助卵黄保持在稳定的中心位置，这样它就可以完全被蛋清包裹并支撑。

　　蛋白为胚胎提供足够的水来维持孵化，并提供胚胎发育所需的一些蛋白质。它还能减缓外界温度变化向卵内部的传递，并在卵移动时为胚胎和卵黄提

　　Ⓐ　鸟卵不需要一产下就立即开始孵化——卵中的胚胎发育会暂停，直到开始孵化

供缓冲，这些移动包括卵在产出途中的移动，以及随后在巢中的移动（成鸟在孵卵期间经常翻动鸟卵）。

　　蛋白的两层膜是在卵到达子宫之前形成的。在子宫中，蛋白通过膜吸收更多的水，直到它紧紧地压在子宫壁上，形成卵的形状。现在蛋壳形成了，这是迄今为止卵形成过程中耗时最长的一段，即使不是一整天，也要经过几个小时。一旦卵壳形成，子宫底部的括约肌

就会放松并打开，卵就可以向下进入阴道，并经阴道进入泄殖腔。

产卵

产卵过程从开始到结束大约需要一天的时间，不同物种之间有所不同。大多数鸟类每天产一枚卵，直到产卵完成（通常是 2~6 枚，不过一些物种能产 10 枚或更多），但在一些较大的物种中，产卵间隔可能更长。大多数情况下，鸟类的卵相对于其体型来说并不是很大，而且排出卵的过程通常很简单。当母鸟有健康问题时会出现并发症，例如，缺钙会导致软壳蛋，并增加鸟蛋在鸟体内破裂的风险。当雌鸟在一个卵子

受精后不久失去了鸟巢，如果受精卵处于发育早期阶段，雌鸟可能会将受精卵重新吸收。

几维鸟会产非常大的卵（比类似体型鸟类典型的卵大六倍），卵的形成和产卵过程都比其他鸟类更艰难。卵的形成过程需要 30 天而不是 1 天，含有一个巨大的卵黄（占卵总体积的 65%，而不是通常的 35%~40%）。雌性几维鸟的其他器官被巨型卵压缩，在产卵前的最后几天无法进食。然而，它通常能轻而易举地产下卵。

像苍鹭这样的大型鸟类每产一枚卵的间隔可能是两到三天

巢寄生

繁殖给鸟类的身体带来了巨大的压力。因此，一些物种把孵卵和育雏的工作交给不知情的养父母就不足为奇了。这被称为巢寄生，这种策略在几个鸟类科中独立演化。

巢寄生可以节省大量能量，增加寄生者的繁殖数量，但这是以牺牲宿主繁殖成功率为代价的。因此，寄生者和宿主之间展开了一场演化之战——前者持续欺骗，后者抵御欺骗。巢寄生最简单的形式是"弃卵"。自己有巢穴的雌鸟有时也会在其他同类或近亲的巢穴中产下一两枚卵，这种行为在鸭类中尤其常见，但在许多其他鸟类中也有记录，包括鸥、蛎鹬、蓝鸲、椋鸟和麻雀。这种行为可能在雌性产卵前失去巢穴的情况下发生，但也可能是有意分散风险——在多个巢穴生育后代增加了一些后代存活到成年的机会。

专性巢寄生者是那些只以这种方式繁殖的鸟类，它们在某些特定宿主的巢中产卵。专性巢寄生者包括一些杜鹃，以及牛鹂和响蜜䴕。通常情况下，雌性寄生者会从宿主巢中去除一枚卵，然后在那里产下自己的一枚卵，并在繁殖季节寻找多个它所偏好的宿主的巢，在那里产卵。寄生的雏鸟可能会杀死养母的后代，或者和它们一起长大（但在从宿主父母那里获得食物的战斗中，寄生者总是更胜一筹）。

"狡猾"的杜鹃

寄生者通常比宿主大得多，所以与其

ⓥ 巢中的芦苇莺（*Acrocephalus scirpaceus*）总是在警惕杜鹃，但它们不得不偶尔离开巢穴

ⓥ 杜鹃的蛋比宿主的稍微大一点，但一眼看上去并不明显

体型相比，它们产的卵更小，好与宿主的卵相适应。这使它们能够很快地产卵。在大多数情况下，卵在形态和大小上都与宿主的相似。据记录，大杜鹃（*Cuculus canorus*）有几十种宿主，但每只雌性杜鹃只寄生一个物种。杜鹃雏鸟长大后体重约为其宿主父母的六倍，它总是在孵化后不久就处理掉寄养家庭的兄弟姐妹，因为它无法分享宿主父母带回的食物。它本能地把巢里的其他雏鸟或卵一个一个地背在背上，然后拱起身体把它们从巢里顶出去。

大斑凤头鹃（*Clamator glandarius*）以欧亚喜鹊（*Pica Pica*）为宿主。这两个物种体型相似，凤头鹃雏鸟不会杀死其宿主家庭的兄弟姐妹，而是和它们一起长大。有证据表明，如果喜鹊发现并抛出凤头鹃的寄生卵，雌凤头鹃会返回并从巢中取走喜鹊的卵，这意味着喜鹊接受凤头鹃寄生比拒绝寄生的繁殖成功率更高。这一"黑手党假说"可以解释为什么喜鹊——一种出了名的聪明鸟类——通常不会从巢中去除凤头鹃的寄生卵。

巢寄生面临着额外的挑战，即在缺乏同种"榜样"的条件下养成物种的典型行为。例如，年轻的杜鹃必须在缺乏经验和指导的情况下迁徙到非洲，而此时它们的同类成鸟早已离开。它们可以完全凭本能完成迁徙，不过研究表明，一旦成年，它们就会通过经验来完善并改进迁徙路线。

ⓐ 杜鹃幼鸟一破壳就把其他卵推出巢外

ⓐ 成年芦苇莺似乎无法忽视它们这只仅存的、巨大的养子

鸟卵的结构

卵的成分会滋养并保护胚胎，伴随其从单个细胞成长为完全发育、紧紧地蜷缩在蛋壳里、准备破壳而出的雏鸟。

卵子是一个非常大的单细胞，从鸟的卵巢释放到输卵管顶部，其细胞核位于表面一个叫生发盘的小白点上。受精后，这个细胞核将发育成胚胎。卵子的其余部分充满了卵黄，这是胚胎的食物仓库。

卵黄是一种黄色、橙色或红色的液体，富含脂肪和蛋白质，这些脂肪和蛋白质合成于雌鸟的肝脏中，并通过血液输送到卵巢。卵黄中还含有激活胚胎免疫系统的抗体。卵黄的颜色来自由食物合成的类胡萝卜素。卵黄中还含有激素，这可能会对胚胎的最终命运产生长期影响。研究表明，从卵黄睾酮含量高的卵中孵出来的雄鸥，成年后在领地防御方面更具攻击性。

受精后，卵黄被包裹在卵黄膜中，随着卵黄沿输卵管下行，卵黄膜外很快

🕐 卵的内部结构

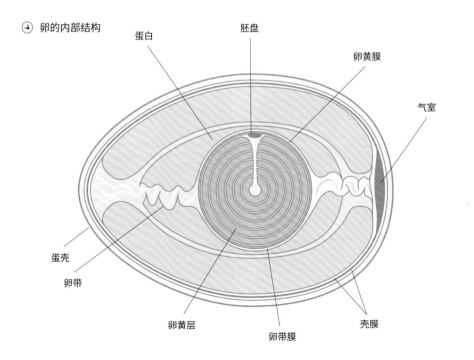

蛋白　　　　胚盘

卵黄膜

气室

蛋壳

卵带

卵黄层

卵带膜

壳膜

又覆盖了一层新的膜——卵带膜。卵带膜是一层蛋白质纤维，它形成了两条扭曲的支撑带，即卵带。在敲开的鸡蛋中，你可能会注意到，卵带从蛋黄外部延伸到蛋白中。在一个完整的鸡蛋中，卵带延伸到鸡蛋的两端，到达蛋白和蛋壳之间的双层膜。

蛋白中蛋白质浓度的变化改变了其黏稠度，并沉积为不同的层。最靠近蛋黄的部分流动性很好，但其外侧是更浓厚、更有黏性的一层，最外侧的蛋白层再次变得更具流动性。当你观察一个打破的蛋时，浓蛋白和稀蛋白之间的区别是非常明显的。蛋白的双层膜在蛋的钝端分离，在内壳膜和外壳膜之间形成一个很大的空腔，被称为气室。孵化的雏

⚠ 大多数鸟卵的底色都是浅色的，但那些在开放式鸟巢繁殖的鸟类产下的卵通常有深色的斑纹，用于伪装

鸟在打破壳膜但还没敲开蛋壳的时候，就是通过气室进行呼吸。

蛋壳

蛋壳是由碳酸钙晶体组成的，碳酸钙晶体沉积在蛋白质和淀粉的支撑基质上，空气和水分子可以通过蛋壳上的微孔进出。形成蛋壳所需的钙主要来自食物，但多达 40% 的钙来自母体的骨骼。纯碳酸钙是一种白色粉末，使蛋壳呈白色。在蛋壳形成阶段还会加入色素，在蛋壳上形成颜色或图案，为那些露天筑巢的物种的蛋提供伪装。

多样的鸟卵和孵化方式

不同鸟类的卵形状、颜色和相对大小各不相同。这些变化适应于不同类型的巢和生活方式，以及鸟类照料卵的方式。

有些卵几乎是球形的，而有些则要窄得多，并且端部逐渐变尖。尖头卵比圆头卵散热更快，单位体积拥有更多的表面积，这种效应在最小的卵中最明显。所以，就孵化而言，卵越大越圆越好。然而，携带并产下一个更重、更大、更圆的卵难度更大，需要更宽的骨盆和生殖器官，而鸟类不能过度牺牲其机动性。因此，那些飞行能力强且长时间飞行的物种往往产下更窄、更尖的卵，而那些产较圆的卵的物种，如鹑、咬鹃和八色鸫，则飞行能力较差，相应的，盆腔也没有那么流线型。

鸟卵的默认颜色是白色的，但在自然界中，纯白色的卵相对较少。筑洞巢的鸟是个例外，例如翠鸟，它们的卵是隐蔽的，不易被捕食者发现。除此之外，卵也演化出各种颜色和图案，其中许多鸟卵美丽而神秘。在隐蔽的巢穴中产下的卵可能不需要伪装，但由于其他原因，它们仍然受益于色素沉着。例如旅鸫（*Turdus migratorius*），亮蓝色的卵可以保护胚胎免受紫外线的伤害。如果在非常开放的栖息地中筑巢，卵有过热的风险，所以底色往往是苍白的，通常布有精细的深色图案作为伪装，例如

⤷ 斑塚雉利用植物分解产生的热量来孵蛋

ⓐ 长耳鸮（*Asio otus*）的卵是典型的圆形卵，它隐藏在树洞里，无需色素的伪装

ⓐ 与没有色素的卵相比，旅鸫蓝色的卵吸收的紫外线更少

ⓐ 崖海鸦（*Uria aalge*）在悬崖上筑巢，产下梨形的卵，不容易被风吹动滚落

ⓐ 蜂鸟和其他飞行速度较快的流线型鸟类产下的卵相对较长、较窄

黄鹀（*Emberiza citrinella*）白色的卵壳上就有深色的斑纹。当鹀鹀离开巢穴时，它们会用潮湿的植物把卵藏起来，随着时间的推移，这些植物会把卵壳染脏，从而提供伪装。

几乎所有鸟类都是坐在卵上孵蛋的，利用皮肤的温度来提高卵内温度，以便胚胎能够发育。产卵后，胚胎可以处于休眠状态，在不保暖的情况下存活数天；但一旦孵化开始，孵化过程就不能经历长时间中断，除非环境温度很高。

独立生长的雏鸟

斑塚雉（*Leipoa ocellata*）将卵产在腐烂的植被床上，上面盖上松软的泥土或沙子。这可以使卵保持足够的温度，以便胚胎发育。每只雄性斑塚雉筑造并维护一个冢巢，大约每周会有一只或多只雌性过来产一次卵。雄性会持续监测冢巢，添加或移除材料来调节巢内温度。每枚卵需要50到100天才能孵化。斑塚雉雏鸟在出雏时已经发育良好，不需要父母的任何照顾，一旦它挖出一条通往自由的路，就会离开冢巢，开始独立生活。

圈养繁殖

少数野生鸟类已经被驯化、圈养并繁殖了数千年。这些鸟类作为我们的食物或宠物被饲养，或以其他方式被大规模利用。然而，出于其他原因，有更多的物种被人类在圈养环境中进行繁殖。

值得一提的是，圈养繁殖已成为保护濒危物种的有效策略被广泛采纳。野生鸟类被捕获并安全饲养，然后圈养繁殖，以期将它们的幼雏或后代放归野外。成功的圈养繁殖需要充分了解物种的生理和行为，有时也需要乐于提出创造性的方案用于解决具体问题。

人工繁殖鸟类最简单的方法是把雄性和雌性一起养在一个合适的围栏里，有地方供它们筑巢，给它们提供充足的食物和水，然后等待自然的发展。这对很多物种都适用。许多小型鸣禽即便在相对较小的笼子里也会

配对并筑巢，而群居物种如果在较大的鸟舍里成群饲养，也能过得很好。然而，像鹦鹉和鸦科动物这样能形成持久配偶关系的聪明物种，可能永远不会接受不是自己选择的伴侣。一些鸟种如果不通过 DNA 测试，甚至无法区分性别。其他一些物种在圈养环境中无法满足正常求偶和筑巢的需要。在这种情况下，如果有真正的保护需要，可以采取人工授精。通过训练，可以让驯养的雄鸟与精

⌄ 英国格洛斯特的大型鹤类项目中人工饲养的灰鹤（*Grus grus*）。饲养员身着灰色外套，模仿成年鹤的羽色，引导雏鸟寻找食物

液收集器"交配"，然后将其精液注入需要授精的雌鸟的泄殖腔。

养父母

圈养的鸟类可能会选择忽视它们产下的卵，这种情况下就需要使用人工孵卵器。这台机器可以维持正确的温度和湿度以便成功孵化。另一种选择是使用养父母。这种方法曾用于拯救查岛鸲鹟（*Petroica traversi*），使其免于灭绝。查岛鸲鹟唯一存活下来的雌性所产的卵被置于与该物种亲缘关系密切的雀鸲鹟（*Petroica mallerenga*）巢中。养父母养育了查岛鸲鹟幼鸟，失去卵也促使雌鸟继续产卵，以比自然状态下更快的速度繁殖更多的幼鸟。

不能由亲生父母或鸟类养父母饲养的雏鸟必须人工饲养。根据物种的不同，人工饲养可能相当简单，也可能极其困难。获得合适的食物通常很容易，但必须考虑到幼鸟多方面的生理需求。晚成鸟尤其娇弱，需要严格控制温度和湿度，非常小心地喂食以避免其吸入液体而窒息，并适当地支撑其腿和翅膀，以防出现永久性的关节损伤。

10

胚胎发育

刚孵出来的雏鸟以惊人的速度发育，但与胚胎在卵内发生的变化相比，雏鸟生长的速度和变化规模都微不足道。

- 卵的早期发育
- 卵的后期发育
- 发育中的问题

- 孵卵与出雏
- 晚成雏与早成雏
- 雏鸟的特殊结构

⊙ 晚成的雀形目雏鸟孵化出来时柔弱无力，裸露无羽，但它们发育非常快

卵的早期发育

卵子通常在从卵巢排出后不到一小时就受精了。大约一天后，当卵完全形成并产出时，已经包含一个早期胚胎。

在这一阶段，一些细胞开始遵循其特定的发育路径，成为专门的身体组织。卵产出后，进一步的细胞分裂和分化可能会暂停，这取决于孵卵开始的时间，但一旦卵升温到 20 摄氏度左右，胚胎就会恢复发育。

新胚胎的细胞最初在卵黄的顶部排成一层。随着细胞数量的增加，它们形成了两个明显不同的细胞层。外胚层位于上面，内胚层位于下面，不久之后，内胚层的中心细胞会脱离卵黄，形成一

个供胚胎继续生长的空间。然后在外胚层和内胚层之间开始发育中间细胞层（中胚层）。各层细胞开始分化。

外胚层的细胞定向发育为幼鸟的体被组织（皮肤、爪、喙和羽毛）和神经系统。中胚层最终形成骨骼、肌肉、血液循环系统和生殖系统，而呼吸系统、腺体和消化道则由内胚层形成。构建新细胞所需的蛋白质来自卵黄，也通过卵黄间接来自蛋白。

经过几天的孵化，胚胎看起来就像

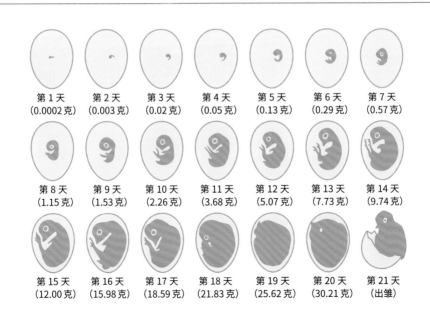

第1天	第2天	第3天	第4天	第5天	第6天	第7天
(0.0002克)	(0.003克)	(0.02克)	(0.05克)	(0.13克)	(0.29克)	(0.57克)
第8天	第9天	第10天	第11天	第12天	第13天	第14天
(1.15克)	(1.53克)	(2.26克)	(3.68克)	(5.07克)	(7.73克)	(9.74克)
第15天	第16天	第17天	第18天	第19天	第20天	第21天
(12.00克)	(15.98克)	(18.59克)	(21.83克)	(25.62克)	(30.21克)	(出雏)

蝌蚪一样，有一个大大的头和眼睛，还有一条尾巴一样的脊髓。尽管还在体外，但心脏已经开始跳动。胚胎形成一个外部循环系统（尿囊）来收集营养物质，交换氧气和二氧化碳，并处理废物。尿囊发送到卵黄的血管比胚胎本身还长得多。在孵化的这个阶段，如果你把卵举到强光下，即便实际的胚胎几乎看不出来，通常也可以清晰地看到这些血管从卵黄的一个点开始，形成一系列红色的分支。在接下来的几天里，尿囊扩张到完全包裹胚胎。

⌃ 双领鸻（*Charadrius vociferus*）的卵需要 24 ～ 28 天的连续孵化才能出雏

最初的迹象

在心脏和眼睛出现后不久，胚胎的身体开始卷曲，肢芽开始出现。其他早期发育包括口腔和喙以及卵齿（喙尖上的一个硬颗粒，雏鸟最终会用它来破壳而出）的出现，生殖道的发育以及皮肤上羽区的出现。这些事件发生的确切时间因物种而异，但都发生在孵化期的前半段。

⌃ 鸡胚胎在 21 天孵化期内的生长

卵的后期发育

在孵化的后半段，胚胎逐渐变得更像鸟类，其内部系统进一步发育。随着胚胎的成长，雏鸟逐渐消耗掉卵黄和蛋白。

孵化过半，雏鸟的翅膀已经有了分化的关节，并显示出飞羽的羽区，尾羽羽区也很明显。它的趾和爪也部分成形。它能够运动，体内器官（除消化道外）都已处于正确的位置。在接下来的几天里，皮肤上开始长出第一层绒羽，腿和趾上开始长出鳞片。

大约在孵化进程的三分之二时，胚胎会把身体转过来，让头朝向卵的钝端。它会一直待在这个位置，继续生长，蜷缩得越来越紧，直到出雏。它的喙、爪和腿上的鳞片变得更加坚硬。随着出雏日的临近，肠道，包括卵黄囊及其残留的内容物，开始进入体腔，这一过程在出雏前一天左右完成。

晚成雏和早成雏发育速度的差异在孵化期的后半段最为明显。纯晚成雏比早成雏更早孵出——它们的骨头不那么坚硬，肌肉更无力，喙和爪更柔软，羽毛的发育几乎可以忽略不计。因此，与母鸟体型相比，晚成鸟产下的卵通常更小，因为胚胎在出雏前不需要太多的营养，而且孵化期往往较短。例如，早成的滨鸟双领鸻孵化期为 24～28 天，而

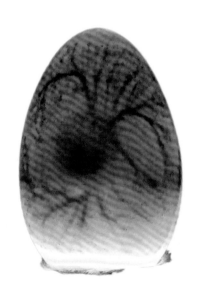

◁ 在强光照射下，可以看到卵中尿囊的血管。尿囊在胚胎体外形成一个广泛的网络，在孵化过程早期渗透到卵黄的所有部分

晚成的鸣禽拟八哥（*Quiscalus quiscula*）的孵化期只有 11~14 天，尽管这两种鸟成年时的体型大致相当。

共享

　　当雏鸟准备孵化的时候，蛋壳里几乎没有蛋白了，它的液体和蛋白质已经被正在发育的雏鸟用光了。在整个孵化过程中，空气通过蛋壳上的小孔进行交换，为胚胎提供氧气，并使其产生的二氧化碳由此排出。随着卵黄和蛋白体积的缩小，这个过程也使气室变大。在孵化过程中，气室对雏鸟的生存至关重要，孵化阶段气室约占卵内部空间的25%，其余空间由蜷缩的雏鸟占据。

⌃　出雏的雏鸟通常会把卵壳分为两半，中间有一段平直的裂口

⌃　早成的雏鸟，比如这只绿头鸭，孵出时非常潮湿，但它们的绒羽很快就干了，变得毛茸茸的

发育中的问题

　　不是每一枚卵都能受精，没有受精的卵再怎么孵化也孵不出雏鸟，但其他问题也会阻碍发育的成功。

　　在许多哺乳动物中，异卵双胞胎（或三胞胎、四胞胎等）是常态——雌性同时释放两个或两个以上的卵子，这些卵子一起受精并使母体怀孕。同卵双胞胎要罕见得多，当一个非常早期的胚胎分裂成两个，并产生两个基因相同的胚胎时，就会出现同卵双胞胎。这可能会带来很大的麻烦——胚胎可能无法完全分离，导致连体双胞胎。然而，在很多情况下，同卵双胞胎能够健康地出生，不过在三胞胎或更多胞胎的情况下，同卵双胞胎很容易被忽视。

　　在坚硬的蛋壳，而非有弹性的子宫中，一枚正常卵中的空间只能允许一

（∧）　如果让"冠状"变异的绿头鸭再次继承导致该性状的基因，雏鸟就会出现致命的畸形

只健康的雏鸟发育。在家鸡中，双黄蛋并不少见。这种鸡蛋比单黄蛋大。如果两个蛋黄都受精，理论上可以在一个卵中长出两个胚胎，如果一个胚胎分裂成两个也是如此，但两个胚胎都能从卵中活着破壳的概率很小。已知的案例包括2013年在一个鸟巢中观察到的野生东蓝鸲（*Sialia sialis*）异卵双胞胎——两只雏鸟都从超大的蛋中孵化出来，但很快就死亡了。2008年，人们发现了野生家燕（*Hirundo rustica*）的一对连体

> 燕子是少数几种有双胞胎记录的鸟类之一

同卵双胞胎。

有些雏鸟的畸形是基因突变的结果。一个显性基因导致了家养绿头鸭的"冠状"变异。如果一只雏鸟从父母那里继承了该基因的一份拷贝，它的头骨后面就不会完全闭合，这里会发育出一层脂肪垫，从中长出一簇绒球状羽毛。然而，继承该基因两份拷贝的胚胎会发生更严重的头骨畸形，并会在孵出前死亡。

人们已经多次偶然发现有多余肢体的家养小鸡和小鸭。这可能是由于基因突变，但也有可能是部分发育的寄生双胞胎。

卵。活的胚胎可以通过免疫系统来处理这个问题，但如果胚胎在发育早期死亡，细菌会导致胚胎分解，最终变成腐败或变质的卵。敲开这样的卵，气味会非常难闻。孵化对雏鸟来说是一个巨大的挑战。实时湿度是至关重要的，湿度过高可能会让一些液体留在蛋里，导致雏鸟溺水，湿度太低则可能导致壳内的膜黏在雏鸟身体上，妨碍它的行动。

危险的环境

蛋壳上的气孔意味着细菌可以进入

> 这种显著的下颌畸形对还在卵中发育的雏鸟来说可能不是问题，但它出壳后很可能无法存活到成年

孵卵与出雏

孵一窝卵，直到雏鸟破壳而出，是一项艰巨的任务。尽管鸟类在孵卵时看起来并不活跃，但实际上，这是它们一生中压力重重的时刻。

在孵卵过程中，亲鸟只能短暂离开巢中的卵，以确保它们不会被冻坏，也不会被捕食者发现。对各种掠食者和食腐动物来说，鸟卵是一顿唾手可得而又非常理想的大餐，而巢内正在孵卵的亲鸟也很容易受到攻击。在实行一夫一妻制的鸟类中，双亲都以某种方式参与孵化。许多鸟类轮流孵卵，对于海鸟来说，每次轮班可能持续几天，不孵卵的一方会去很远的海中觅食。还有很多鸟类雌性负责孵卵，雄性为巢中雌鸟带回食物，只是偶尔承担孵卵工作。在这样的物种中，只有雌性会有孵卵斑，而且它

 出雏过程的不同阶段

"呼"——第一个裂缝出现了

雏鸟努力扩大裂缝

裂缝超过了卵的一半

雏鸟用背顶开了裂缝

最后，雏鸟自由了

▶ 出雏是一个缓慢而疲惫的过程

的保护色往往比配偶更出色。

　　如果正在孵卵的个体受到了威胁，它就会面临两难困境——离开鸟巢会将卵置于危险之中，但可能能救自己。如果潜在的捕食者非常接近，大多数鸟类最终会离开它们的卵，然后可能会试图通过围攻赶走捕食者。（没有孵卵的亲鸟会加入围攻，群体中的邻居也会加入。）有时，正在孵卵的亲鸟会假装受伤，试图引诱捕食者离开巢穴——它可能会拖着一只翅膀大声鸣叫着逃开，而不是飞走。

　　在卵即将破壳时，亲鸟可以离开稍久一点。通常，正在孵卵的亲鸟会去洗澡，然后带着潮湿的羽毛回到巢中，以确保环境湿度维持在合适水平，有利于雏鸟成功孵化。

挣脱束缚

　　雏鸟在卵内发育完全后，它们出雏的过程从破坏气室的壳膜开始。现在它第一次呼吸空气，肺开始工作。（在此之前，由尿囊处理气体交换。）然而，

◀ 孵卵的亲鸟可以在回巢之前洗澡润湿羽毛，从而提高巢内的湿度

▲ 早成雏的绒羽在一个小时内就会变干，很快它们就要准备离开巢穴了

气室内空气中的二氧化碳含量相对较高，这刺激雏鸟猛地抬起脖子，用卵齿撞击蛋壳。一旦雏鸟打破了蛋壳，它会先休息一阵恢复体力，然后继续扩大最初的裂缝。最后，它用颈部和腿用力分开蛋壳。一旦破壳而出，它就会停下来晾干身体。体内残余的卵黄将在孵化后至少几个小时内支持它的活动。

　　亲鸟要么吃掉这些蛋壳（以获取钙质），要么把它们带走，扔到离巢很远的地方。

晚成雏与早成雏

从出雏到独立之间的几天、几周或几个月里，鸟类给予雏鸟的照顾程度有很大的不同，这取决于雏鸟是晚成还是早成。

一旦绒羽干了，完全早成的雏鸟就准备离巢，再也不需要回来了。它能很好地调节自己的体温，跑得很快，还能自己觅食。然而，完全晚成的雏鸟却不能调节体温，必须在亲鸟的身体下养育至少几天，由于它不能离巢，所以还必须被喂养和照顾。早成的鹌鹑雏鸟在孵出后的几个小时内就能追着亲鸟到处奔跑觅食，约 11 天后就能飞行，三周后就会离开母亲。然而，晚成的漂泊信天翁（*Diomedea exulans*）雏鸟会在巢中或附近停留大约 9 个月，而且通常独自等待，因为它的父母在海上为它觅食。

一窝卵可能同时开始孵化，或者隔一天乃至更久开始孵化。这取决于孵化是在第一枚卵产下时开始，还是在所有卵产完时开始。像鸭和鹅这样的早成鸟都是同时孵化的，因为整个家庭必须迅速离开巢穴并开始觅食。许多小型晚成鸟也会安排好孵化时间，以便所有雏鸟同时出雏。这将使雏鸟在巢中（而且非常脆弱）的总时长降到最低，也意味着它们将在同一时间离巢。它们通常在羽

⊙ 早成的绿头鸭雏鸟在生命的最初几个小时就会下水，能够游泳、潜水和自己捕食

成鸟有时可能需要"孵雏"——用自己的体温来温暖雏鸟

当雏鸟不同步孵化时，最小的和最大的雏鸟之间的体型差异会非常大

翼未丰时就会找到单独的藏身之处，亲鸟会分别喂养它们，直到它们能自己觅食。

在大型猛禽中，它们的雏鸟是半晚成的（有绒羽，但是虚弱无力，无法离巢），孵化通常从第一枚卵产下开始，导致同窝雏鸟长幼不同。最年长的雏鸟会在食物竞争中胜出，因此即使在食物匮乏的年份也能生存下来，而它的弟弟妹妹们却在挨饿。虽然雏鸟在巢总时间会延长，但成年猛禽可以赶走大多数巢掠食者。雌性林雕（*Ictinaetus malaiensis*）一窝会产两枚卵，但年长的雏鸟总是在父母的注视下杀死年幼的雏鸟。第二只雏鸟只是一种保险措施，以防第一只雏鸟在卵内或者很小的时候就夭折。

学习自卫

雏鸟很容易受到各种掠食者的攻击。当有东西触碰鸟巢时，晚成雏鸟最初的反应是鸣叫和张大嘴巴，但它们很快学会，如果来者不是父母就安静地趴下。当危险来临时，早成雏鸟会待在亲鸟身边。小鸭子会潜水以逃避捕食者。

雏鸟可能还得保护自己不被同窝雏鸟攻击。大多数鹗的巢中能有三只雏鸟出雏，大部分都能存活下来，但最年幼的雏鸟会遭受另外两只雏鸟持续的暴力欺凌。这种待遇可能有助于它为严酷的野外生活做好准备。

白骨顶（*Fulica atra*）的父母用最残酷的方式测试孩子的适应力。它们经常大量繁殖后代，但是一两周后，后代数量通常会减少到两三只，这并不完全是因为捕食。成年白骨顶会定期抓住并摇晃它们的雏鸟，较强壮的雏鸟很快会被放开，而较弱的雏鸟会被摇死。这种"减雏"提高了最强壮雏鸟的生存机会。

雏鸟的成长

胚胎生长极为迅速，在短短12天内就可以从一个单细胞成长为完全成形、充满整个卵的雏鸟，然后它们面临着如何冲破束缚的巨大挑战。从这一点上来说，雏鸟不再是被动而无力的。

虽然能够得到亲鸟的照顾和关注，但晚成雏最初的身体机能非常局限。它们虚弱无力、无法视物、裸露无羽，只能抬起头，张开嘴，发出乞食的声音。它们用这种方式回应所有的声音，因为附近的任何声音都可能预示着父母的归来。其余时间里，它们静静地蜷缩在巢中，以避免吸引捕食者。成鸟喂给它们高蛋白的食物（甚至大多数以种子为食的鸟类也会给幼鸟喂食昆虫），以促进骨骼、肌肉和羽毛的快速生长。在小型鸣禽中，体重在出生后3到6天内翻倍，到了第8天左右，生长速度开始减慢，但雏鸟通常会在几周内达到成年体重。

在鹱等海鸟中，雏鸟的体重经常超过其父母。一只年轻的短尾鹱（*Ardenna tenuirostris*）在羽翼未丰时可能是一只典型成年个体的两倍重，这得益于它们的高脂肪饮食，即富含油脂的鱼类。这些脂肪储备使它能够在父母离巢后生存下来，再过几天，幼鸟会独自出海。

羽毛的生长

雏鸟身上只有柔软的绒羽——晚成雏羽

ⓥ 涉禽雏鸟的绒羽将它们巧妙地伪装起来，因此它们可以相对安全地休息

ⓥ 晚成的雏鸟只能伸长脖子乞食

毛稀疏，但早成雏则完全被羽。正羽的生长
始于皮肤上的小突起，然后长成柔软、肉质
的羽锥。在羽锥内部，出现了血液供应，羽
毛的羽枝开始形成，而基部开始形成内凹的
羽囊。随着羽毛的继续生长，羽枝最终会从
羽锥尖部破体而出，包裹它们的羽鞘干枯、
坏死并脱落。飞羽是最先冒头的，因为和较
小的正羽相比，它们需要更长的时间来发育。

器官的发育

鸟的内部器官在出雏时已经基本成型，
但随着鸟的成长，这些器官需要增大。许多
器官的生长与身体的生长同步。肠道的生长
速度受食物摄入的影响，如果食物短缺，生
长速度可能会延迟。胰腺是生长速度最快的
器官之一，而脾脏是生长速度最慢的器官之
一，这反映了成功的食物代谢相对于免疫系
统效率的重要性。

ⓐ 一些晚成雏鸟在会飞之前就会跳出巢穴，
依靠它们的腿逃离危险

ⓥ 并非所有的雏鸟都长得很快。黑眉信天
翁（*Thalassarche melanophris*）的雏鸟大约
需要 130 天才能羽翼丰满，之后还需要 10
年才能达到繁殖年龄

雏鸟的特殊结构

在依赖父母的生命阶段，雏鸟有特定的需求和相应的适应能力。有些是身体结构上的，有些是行为上的，大多数是两者的结合。

无论早成还是晚成，雏鸟都有一枚卵齿。卵齿是喙尖上的一种坚硬而尖锐的赘生物，用于打破蛋壳，出壳后不久就脱落了。

在出壳之前，雏鸟就可以通过声音与父母交流，也可以彼此交流。有证据表明，早成雏可以听到壳内的兄弟姐妹的声音，并利用这些信息来安排出壳时间，以尽可能能同步孵化。几乎所有的幼鸟都有独特的叫声——早成雏的叫声是为了与家人保持联系，而晚成雏的叫声是为了让父母注意到它需要填饱肚子。

乞食的叫声很响亮，雏鸟在乞食时抬起脖子，张开嘴。同窝的每只雏鸟都想成为被喂食的那一只，而父母会把食物送到最迫切的那只雏鸟嘴里。许多鸣禽幼时有明亮的黄色嘴角（口裂边缘），只有当它们羽翼丰满并开始自己觅食时才会消失。一些物种的口腔内有明显的突起和标记，以进一步吸引成鸟的注意。（最明显的是澳大利亚的某些文鸟，如七彩文鸟 *Chloebia gouldiae*。）大型鸥类的雏鸟通过啄击父母喙上的红色斑点

ⓥ 雏鸟的喙柔软而略带弹性，但随着雏鸟成熟，喙会迅速变硬

⊙ 澳大利亚的一些文鸟的口裂标志，可以帮助父母找到饥饿的雏鸟

来乞食，这会刺激成年鸥类把食物反刍出来。这是一种本能，即使是带有红点的木棍也能引发雌鸟做出同样的行为。

雏鸟的羽毛

早成雏的绒羽通常具有伪装的斑纹和颜色，晚成鸟的稚羽也是如此。在达到繁殖年龄之前，它们不需要任何作为求偶和领地炫耀信号的斑纹和颜色。欧亚鸲幼鸟全身呈棕色，有斑点。没有了成鸟红色的胸部，它就可以免受父母的攻击，也可以伪装起来。鸲类通常在还很小的时候就离开巢穴，在它们会飞之前，会长出一身独特的次生绒羽，由柔软的羽毛构成，能比绒羽更有效地让它们在户外保持温暖，而它们真正的稚羽还在生长中。

⊙ 幼鸟的羽色可能有助于降低成鸟的攻击性，不过这并不总是有效，就像图中的美洲骨顶（Fulica americana），仍然会攻击幼鸟

大多数鸟类在第一次换羽时就能长出类似（或比较类似）成鸟的羽色，但有些鸟类要经过数年的换羽才能长出完整的成鸟羽色。这种情况发生在需要一年以上才能达到繁殖年龄的鸟类中。每一次换羽，它们就会逐渐变得更像成鸟，但残留的不成熟迹象仍可能让它们免遭成鸟的严重攻击。这在集群繁殖地很重要，幼鸟经常去那里寻找同伴，并观察和学习成鸟的繁殖行为。

11

羽毛和皮肤

鸟类是唯一拥有羽毛的现代动物。这些生物工程的小小奇迹为它们的主人提供了飞行的工具，一种可以承受最恶劣天气的绝缘覆盖物，以及一种展示自然界中最美丽颜色和图案的画布。

- 羽区
- 羽毛类型
- 羽毛结构

- 裸区和皮肤
- 换羽
- 羽毛护理

▷ 雄性鸳鸯以其色彩鲜艳、装饰华丽的羽毛吸引着潜在的伴侣

羽区

不同类型的羽毛以特定的方式排列在鸟类身上。尽管不同鸟类羽毛本身的大小、颜色和肌理各不相同，但这种排列方式在不同科属中相当一致。

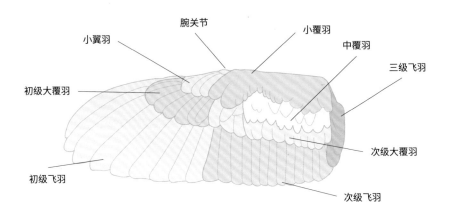

⌄ 鸟类翅膀的羽区（翼上观）

不同的羽群或羽区被裸露的皮肤区（裸区）分开。当羽毛平整光滑时，羽区的排布使羽毛形成一个覆盖全身的连续的"壳"，但如果羽毛立起（例如，当鸟类进行日光浴，让空气可以触达皮肤时），就可以看到成片的羽区和其间的裸区。晚成雏的羽区在裸露的皮肤上成排生长，也非常明显。

翼上的羽区是最明显的，因为这里的羽毛大小呈有规律的变化，靠近躯干的是最小的。躯干上的羽区以它们所覆盖的结构区域命名。覆盖头部的部分形成了头区，分为额部、顶部和枕部（从前到后）以及颧骨区域的颊部和颏部。

脊背区从颈部延伸到尾基部，沿着背中轴狭窄地延伸，并在髋部前扩展。肩肱区沿着背部两侧和翅膀内侧展开。股区覆盖大腿的上部和内侧，以及胫区——腿下部的羽区。在下体，腹区从胸部两侧的胁部向下延伸到尾下。最大的裸区位于背部和腹部的中央。

翼覆羽可大致分为飞羽和翼覆羽，前者为翼后缘的单层羽毛，后者是覆盖在翼上及翼下内侧的较小的羽毛。尾的结构与此类似，仅有一层的尾羽从身体端部的皮肤生长，而尾覆羽生于尾羽基部

⊙ 所有的鸟类都有相同的基本羽区，即使在不相关的物种中，也经常可以明显地看到相同类型的斑纹（如翼斑和过眼纹）。从左上角顺时针方向分别为：芦鹀，白翅交嘴雀（*Loxia leucoptera*），纹霸鹟（*Empidonax traillii*），水蒲苇莺（*Acrocephalus schoenobaenus*），山齿鹑（*Colinus virginianus*）

的上下两面。

方向和斑纹

从头到尾，羽毛生长方向均指向后方，使鸟向前移动时呈流线型，前部羽毛覆盖于后方羽毛之上。一般情况下，鸟的羽毛越往后越大，而最小的羽毛长在头部的前端。许多鸟类的体羽上都有明显斑纹，比如浅色的翼斑，深色的过眼纹，或者腹部成排的斑点。这些相同的模式出现在许多不同科的鸟类中。

羽毛类型

体型较大的鸟类身上可能有 2 万多根羽毛，而小型鸟类身上只有 1500 根。羽毛分为几种不同的类型，具有不同的功能。

⟳ 长的飞羽和尾羽在飞行过程中提供升力并控制平衡

羽毛是自然工程的一个小奇迹。追溯它的演化路径，我们会发现其源于爬行动物身上覆盖的鳞片[1]，事实上，鳞片在现代鸟类的腿和脚上仍然很明显。羽毛出了名的轻，但也提供了非常有效的隔绝，所以它们是覆盖温血飞行动物身体的完美之物。鸟类身体外侧的羽毛，形成了它的外部表面，被称为正羽，并（通过它们的形状和在羽区中的排列）提供连续的覆盖。它们的外部光滑，紧贴在一起，可以抵御风和水，而靠近皮肤的地方柔软蓬松，可以留住空气，使皮肤暖和起来。它们还为色彩和图案提供了画布，创作出复杂的伪装或是绚丽的虹色。

除了正羽基部的绒毛，微小、单纯的绒羽也有助于身体取暖。有些鸟类还有一种特殊的羽毛，叫作"粉䎃"。这些羽毛往往长在靠近腹部的地方，随后变成粉末，鸟类可以在整理羽毛时把这些粉末涂在其他羽毛上。这种粉末的作用似乎是清洁。例如，鹭用它来清除羽毛上鱼的黏液，也许还能起到额外的防水作用。正羽之间还存在毛羽，用于感知较大的羽毛是否混乱，是否需要梳理，触觉敏感的毛羽也生长在靠近嘴和眼睛的地方。一些捕捉昆虫的鸟类有小而硬、没有羽枝的羽毛——

▷ 一对大盘尾（*Dicrurus paradiseus*），它们精致的外侧尾羽端部就像飘带一样

182

（>）吕宋鸡鸠（*Gallicolumba luzonica*）在求偶时炫耀红色的胸部标记，看起来非常像伤口

须，它们排列在嘴的边缘，以帮助捕获猎物。

翅膀和尾上的长羽（分别为飞羽和尾羽）对飞行至关重要，具有独特的结构。它们的羽轴很粗，并且偏向羽毛的前缘而不是中心，这样羽毛就形成了机翼的形状来产生升力。相对于这些羽毛的重量来说，它们非常强壮，但尖端附近也很灵活。有些鸟类的外侧初级飞羽具有缺刻——这些羽毛在近尖端处呈现突兀的阶梯状收窄，这样当翅膀完全展开时，它们的尖端就像手指一样分开了，每根羽毛就像一个单独的微型机翼。

饰羽

有些羽毛外形奇特，但没有明显的实用功能，例如雄绿头鸭的卷曲尾羽、鸳鸯的超大"帆状"翼羽，以及叉扇尾蜂鸟（*Loddigesia mirabilis*）的旗形外侧尾羽。像这样的装饰性羽毛几乎总是用于向对手和潜在的配偶展示，以守护领土和求偶炫耀。

---

1. 羽毛的起源有多种假说，此处仅是其中之一。

羽毛结构

羽毛有一个坚硬的中轴，支撑着两侧较软的部分。轴上的"丝"通过其巧妙的结构彼此牢牢地勾连在一起。

羽毛是由一种叫作角蛋白的蛋白质构成的，其分子链被扭曲并通过化学键连接，形成一种极其坚固但仍然非常轻的材料。每根羽毛都是从皮肤上的羽囊中生长出来的，这些羽囊通过皮肤肌相互连接，从而使鸟类能够立起或放平特定的羽区。

典型的羽毛由几个不同的部分构成。构成羽毛主要结构的单丝被称为羽枝。羽轴分为两部分，没有羽枝的

"柄"，或者说羽管的基部被称为羽根；从第一个羽枝出现的地方开始称为羽干。最靠近羽根的羽枝非常柔软，彼此分离，形成了羽毛的绒羽部。向外的部分，羽枝相互连接，形成光滑、连续的表面，称为羽片。

当你拿着一根羽毛时，你可以看到羽片上单独的羽枝，并观察到，虽然羽片是柔软的，但当你轻轻拨动它们时，羽枝仍然彼此相连。然而，如果你更用

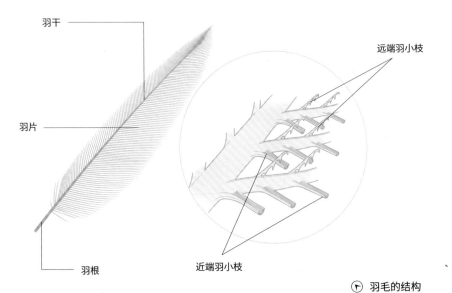

羽干

羽片

羽根

远端羽小枝

近端羽小枝

⊙ 羽毛的结构

力些，你可以把它们分开，羽枝以类似魔术贴的方式连接在一起。每个羽枝都长有称为羽小枝的较小的侧枝。羽枝上部的羽小枝上有细小的钩，而下部的羽小枝上有细小的凹槽，钩子和凹槽很容易"固定"在一起，并保持扣紧，所以每个羽枝可以与上下羽枝相固定。当一只鸟梳理羽毛时，它会将与"邻居们"分离的羽枝重新固定。在大多数正羽中，最尖端的羽枝并没有固定在一起。

羽毛损失

在生长过程中，羽毛的羽干中有血液供应，如果一根羽毛被拔出，就会引起疼痛和出血。完全长成的羽毛并不是活组织，不过它被羽根固定在皮肤上，直到自然脱落或意外拔出。成熟的

⊙ 喜鹊天生就有长长的尾羽，但经常能看到个别喜鹊没有尾巴，这可能是在与捕食者的战斗中丢失的，替代的羽毛会在几周内长回来

羽毛附着得不是很牢固，用力拉的话，它们就会从皮肤里脱出来，这确实能救命——你偶尔会看到没有尾羽的鸟，它的尾羽可能就留在捕食者的嘴里。

只要羽囊没有受损，新的羽毛很快就会长出来，取代那些被拔下的羽毛[1]。因此，鸟类可以很快从羽毛脱落中恢复过来——即使是那些不幸的个体，因为严重的羽螨爆发而几乎秃了，也可以在几周内焕然一新。

---

1. 实际上，对于大多数鸟而言，羽毛的再生是有限度的，一个季度内，新羽再生不能超过 3 次。

应对不同天气

对异常天气模式的敏感性和应对极端天气的能力对鸟类的生存至关重要。

鸟类能感觉到气压的微小变化——这预示着天气将会发生变化。气压下降预示着锋面天气即将来临，这可能意味着风暴很快就要来到。金翅虫森莺（*Vermivora chrysoptera*）已经被证明可以提前两天感知即将到来的风暴，并避开风暴的路径，有时可以飞到1500千米之外寻找安全场所。目前还不清楚它们是如何感知这种变化的，但可能涉及到内耳或气囊系统检测到的压力变化，或者是听到远距离天气事件的低频声音，这种声音可能会传播数千千米。

大多数陆生鸟类仍然会躲避大雨，但它们的羽毛结构和羽毛排列方式提供了良好的天然防水性能。幼鸟的羽毛防水能力较弱，皮肤变湿、失温的风险更大。羽毛既能防水又能御寒。你会注意到，花园里的鸟在寒冷的冬天看起来会更大、更胖。它们将羽毛蓬松起来，使皮肤上的空气保持温暖。

在炎热的天气里，鸟类会喘气降温，但有时也会晒日光浴，因为太阳的热量可能会抑制寄生虫。"晒太阳"的鸟待在那里，身体的羽毛蓬松起来，让阳光温暖它的皮肤，

⌄ 在凉爽、多云的天气里，几乎没有昆虫在飞翔，蜂虎可能很难找到猎物

⊙ 像鹳这样的大型飞行鸟类利用热气流来提升高度，避免消耗太多的能量

并展开翅和尾，同时也张开嘴喘气来降低体温。鸬鹚不具备大多数潜水鸟类的天然防水羽毛，它们在水里待一段时间后，就会利用太阳和微风晾干羽毛，提高体温——它们站在裸露的栖木上，迎着微风，张开翅膀。

刮风的天气可能会妨碍一些猛禽捕猎，但隼和仓鸮需要一些微风来有效地悬停，因为微风能为它们提供额外的升力，从而进行这种高耗能飞行。翱翔的鸟类依靠热气流（上升、盘旋的暖空气）来提供升力，有了足够的热气流活动，它们只需拍一下翅膀就能飞到很高的地方。对于秃鹫这样的机会主义鸟类来说，热气流是至关重要的，它们需要在很高的高度盘旋，以便俯瞰大片区域寻找食物。这些上升、盘旋的暖空气对大型候鸟来说也很关键，许多候鸟在沿着海岸边缘的热气流先上升到足够高度之前，甚至无法进行短途的海上飞行。

天气和迁徙

天气的变化对迁徙行为影响很大。风向不利会使迁徙推迟几天或几周，恶劣的天气会让候鸟在途中暂停迁飞。即使是习惯了恶劣天气的海鸟，也可能被迫进入海湾，甚至

⊙ 由于羽毛缺乏天然防水性，鸬鹚潜水后在微风中晾干翅膀

逆流而上，以躲避猛烈的海洋风暴。当迁徙不得不暂停时，会刺激鸟类迅速进食，以补充耗尽的脂肪储备。

裸区和皮肤

大多数鸟类的身体除了脚、小腿、喙和眼周都被羽毛完全覆盖。羽区之间裸露的皮肤通常被邻近的羽毛覆盖。

鸟的皮肤和其他外层覆盖物（体被）含有角蛋白。在被羽毛覆盖的区域，皮肤是松弛和柔软的。和哺乳动物的皮肤一样，鸟类的皮肤也有一层死细胞的外层（表皮），这些死细胞会被磨损，但会不断被下层（真皮层）形成的新细胞所取代。真皮富含血管和感觉神经末梢，还储存着脂肪。羽囊和操纵羽毛的皮肤肌也存在于这一层。

所有的新皮肤细胞在向表皮移动的过程中都会积累角蛋白（角质化），并产生皮脂，这是一种脂肪物质，有助于保持皮肤柔软而有弹性。鸟类的皮肤比哺乳动物的皮肤结构更简单，没有汗腺，也没有独立的皮脂分泌腺。

在腿和脚上，各种大小的鳞片是由特别富含角蛋白的表皮块形成的。它们之间的空隙让肢体能够运动，尤其是脚趾。一些鸟类的腿上布满羽毛，包括多种猛禽，像穿了羽毛"绑腿"。还有一些鸟，包括许多鸮类、雷鸟和一些雨燕，甚至有完全被羽的脚，只露出爪。被羽的腿和脚在原产于极寒气候区的鸟类里最常见，但除了御寒，可能还有其他功能。例如，岩雷鸟（*Lagopus muta*）是一种原产于加拿大、北欧和欧亚大陆的地面觅食鸟类，它的脚上长有羽毛，这让它在雪地上行走时脚的面积更大，走得更稳定，就像雪鞋对我们的作用一样。

⊙ 脚趾间的蹼让绿头鸭的脚像桨一样，适于游泳

⊙ 水鸡和其他秧鸡有长而丰满的无蹼脚趾，既适合游泳，也适合在植物中攀爬

（↗）很少游泳的燕鸥趾间只有浅浅的蹼

（↗）白骨顶的脚趾没有蹼，但有厚厚的肉质蹼瓣，可以更有效地辅助它们游泳

许多水鸟的足上有蹼，由三个前趾之间额外的皮肤延展形成。有些鸟类的蹼面积有限，在趾之间呈"勺状"内凹，或者仅仅从趾尖到趾尖呈直线延伸。有些鸟类，比如鸊鷉，后趾和其他趾间也有蹼相连，而另一些鸟类，比如瓣蹼鹬，每个脚趾上都有独立的肉质蹼瓣，而不是连接趾与趾的蹼。

面部的修饰

在暴露的区域，体被变得更厚、更硬、更不灵活，有时伴有小疣凸或结节。喙部的骨头覆盖着坚硬的厚角质，各种各样的面部骨骼修饰也是如此，比如犀鸟和鹛鹋头骨上的盔。有些面部修饰则要柔和得多，包括眼圈、肉垂和肉冠。面部和颈部裸露的皮肤经常用于发出信号，比如雄性火鸡（*Meleagris gallopavo*）裸露的脖子会变色，或者雄性军舰鸟红色的充气喉囊。艾草松鸡的黄色喉囊只有在求偶时才会裸露出来。

（↴）瓣蹼鹬比其他滨鸟更常游泳，也是唯一一类趾上有游泳用的瓣蹼的鸻鹬类

换羽

羽毛要承受很多压力，需要定期更换。大多数鸟类每年都要脱落并更换全部羽毛，而其他鸟类则更频繁地全部或部分换羽。

大多数鸟类都有固定的繁殖季节，通常在一年中条件最适合哺育后代的时候（就天气、温度和食物供应而言）。对于生活在温带的物种来说，繁殖几乎都发生在春季和夏季。大部分鸟类每年的换羽就在繁殖后进行，经过几个月甚至更长的时间，在冬天来临之前完成换羽，长出饱满、新鲜的羽毛。在热带地区，换羽模式更多样化，也更受栖息地类型的影响，但更普遍的情况是，成年鸟类在完成繁殖的同时开始换羽。幼鸟

通常在独立后不久开始第一次完全换羽（稚后换羽）。

有些物种会在繁殖季节将要来临时换掉部分羽毛，从更隐蔽的非繁殖羽过渡到更鲜艳的繁殖羽。在有"头罩"的鸥类中，如伯氏鸥（*Chroicocephalus philadelphia*）和红嘴鸥（*Chroico-cephalus ridibundus*），"头罩"的出现是准备好繁殖的信号。白天长度的变化会刺激身体启动换羽和新羽生长的过程。

⊙ 雄性红尾鸲春天的羽色最亮丽，但此时它们的羽毛已经被磨损了

脱落并更换飞羽会使鸟类处于危险之中，因为它损害了飞行能力。大多数鸟种的解决办法是慢慢地逐步换羽，所以在任何时间里，都只有一枚或两枚

与大多数鸟类不同的是，鸭类的飞羽会整体脱落并重新长出，而不是一次脱落一两枚

失去多枚飞羽，包括鲜艳的羽毛

羽锥开始发育

细羽轴开始变硬

完全成形的飞羽，鲜艳的羽毛重现

初级飞羽和次级飞羽缺失或没有发育完全。通常情况下，最内侧的初级飞羽和最外侧的次级飞羽会先脱落，然后向外至翼尖依次脱落初级飞羽，向内到靠近躯干处依次脱落次级飞羽（见第180页）。尾羽通常会由外向内脱落并替换，但有些鸟类会由内向外更换尾羽。有些鸟类，尤其是许多种类的鸭类，会更集中地更换飞羽，因此会有一段短暂的不能飞行的时期——这些物种可能会在换羽前迁移到一个特别安全的地方。雄性也可能会在这个时期把身上的羽毛换成颜色暗淡、更隐蔽的蚀羽，以便在不能飞行的时候保护它们免受捕食者的伤害。

从单调到耀眼

随着时间的推移，羽毛会从尖端向内自然磨损，这导致大多数鸟类在外观上变得破旧，但它让某些物种显示出色彩鲜艳的繁殖羽。像欧亚红尾鸲（*Phoenicurus Phoenicurus*）和斑翅蓝彩鹀（*Passerina caerulea*）这样的鸟类，羽毛刚长出来的时候有浓密的淡色条纹，使其外观总体上显得单调乏味。在冬季，这些条纹会逐渐磨损，渐渐显示出羽毛内部更鲜明的颜色。

羽毛护理

在换羽期之间，鸟类的羽毛必须尽可能保持在最佳状态。它们在保持温暖干燥的能力以及强大飞行能力上的任何缺陷都可能危及生命，而且在吸引配偶时，羽毛质量是非常重要的。

羽毛会受到很多因素的影响。阳光会漂白它们深色的色素，羽虱会吃掉羽毛，污染物会玷污羽毛并影响羽毛的防水能力，荆棘会缠住羽毛而使其受损。霰弹枪的一击可以把最结实的飞羽劈成两半。但是，只有完全拔掉，或者在鸟类换羽时自动脱落，受损的羽毛才会被替换。

因此，鸟类会花费大量时间来梳理羽毛，保持羽毛干净、干燥、没有寄生虫且排列整齐。鸟类梳理羽毛时，会用喙系统地梳理全身羽毛，采取一系列越来越扭曲的姿势来接近更难以梳到的部位。长的飞羽和尾羽会用喙从基部到尖端一梳到底。

梳理羽毛的过程包括清除羽毛上的所有碎屑或不受欢迎的无脊椎动物访客，丢弃掉被邻近羽毛钩住的所有松动羽毛，"重新拉上"已经分开的羽枝，并调整任何搭叠方向错误的羽毛。在这个过程中，大多数鸟类还会把尾脂腺分

⌄ 一只利用庭院水盆的东蓝鸲。提供新鲜的饮用水和洗浴用水有助于吸引鸟类到来，哪怕只是很小的庭院

泌的油脂涂抹在羽毛上。这种油脂有助于保持羽毛柔软和防水，还可以驱避寄生虫，在某些情况下，它还能散发气味来掩盖鸟类的其他天然气味，以欺骗捕食者。头部的羽毛很难用自己的喙来梳理，所以鸟类会用脚来梳理，配对的鸟类经常会互相梳理。鹭、夜鹰和其他一些鸟类的一只爪具有齿状边缘，被称为栉爪，就是用来梳理羽毛。

(∧) 尾基部的腺体分泌油脂，用于保养羽毛和使羽毛防水

易地清除它们。还有"蚁浴"，鸟类趴在蚁穴上，让蚂蚁爬满身体，向羽毛喷射有刺激性的甲酸，这也被认为是一种祛除寄生虫的策略。人们曾观察到乌鸦"烟浴"——站在冒烟的烟囱上，让烟雾穿过它们蓬松的羽毛，可能也是出于类似的原因。

鸟类洗澡

鸟类也通过洗澡来清除羽毛上的污垢，有时进行水浴，有时也在沙子里洗澡。干旱地区的鸟类，如沙鸡和云雀，是狂热的沙浴爱好者。日光浴被认为可以促使寄生虫爬到羽毛外侧，以便更容

(>) 在缺水的地方，洗个沙浴也行

12

色素、图案和色彩

色彩和图案，无论是明亮还是隐秘，简单还是复杂，都可以帮助鸟类适应环境，并在环境中脱颖而出，这取决于它当时的需求。

- 鸟类世界的色彩
- 色素类型及来源
- 结构色
- 异常颜色
- 伪装和错觉
- 裸区颜色

⊳ 生活在北方寒冷森林里的长尾林鸮（*Strix uralensis*），浅色羽毛有助于在漫长的雪天里伪装自己

鸟类世界的色彩

很少有其他的动物像鸟类一样色彩绚烂。羽毛可以呈现出你能想象到的任何颜色，如天鹅绒般的哑光色调，或是最纯净、最灿烂的虹彩。

雌性雉鸡（*Phasianus colchicus*）在孵卵时，暗淡的颜色可以将它伪装起来——这是色彩鲜艳的雄性雉鸡所不承担的任务

鸟类和其他动物的颜色主要通过两种方式产生。首先是色素，一种存在于皮肤或羽毛结构中并赋予其颜色的分子。然后是结构色，这是一种视错觉，是由于光线从表面反射而产生的，它呈现的色彩随着鸟的运动和观察角度的变化而变化。

鸟类的颜色与其栖息地类型密切相关。大多数鸟类需要不引人注意，至少在某些时候是这样。猎物需要确保自己不被捕食者发现，而捕食者也需要不被猎物觉察。因此，陆生鸟类身上最常见的颜色是棕色和绿色，生活于开阔地的

鸟类身上最常见的颜色是棕色，在植物枝叶中觅食的鸟类主要是绿色。海鸟的羽毛通常是白色、灰色和黑色的，这有助于它们在波浪起伏的水面上隐身。

世界上颜色最迷人的鸟类是在热带雨林中发现的。鹦鹉、娇鹟、唐纳雀、八色鸫、蜂鸟、天堂鸟和太阳鸟显示出的艳丽颜色跨越了整个光谱。在茂密的植被中，隐藏起来很容易，但要被看到却很困难。鲜艳的颜色让热带鸟类在需

(Ʌ) 大多数在树冠生活和觅食的鸟类主体是绿色的

(Ʌ) 荒漠物种，如沙色走鸻（*Cursorius cursor*），有着沙色的羽毛

(Ʌ) 鸥和大多数其他海鸟主要是单色的

要的时候更容易找到彼此，拥有虹彩光泽的羽毛意味着它们可以控制自己的亮度，因为只有在光线照射下，这些羽毛的颜色才会光彩夺目。

色彩和演化

在开阔地栖息的鸟类，雄鸟通常会呈现出看上去不明智的鲜艳色彩，让它们比其配偶更引人注目。在这里，是雌性的选择推动雄性走上了一条多彩的演化道路。在雉类和鸭类等物种中，雌性负责孵卵和养育雏鸟，而雄性只需要提供精子。这种分工驱动它们采取滥交的交配系统，雄性竞相吸引雌性的注意，雌性寻找的不是可靠的伴侣和供养者，而仅仅是强大基因的携带者。身体健康的雄性最受欢迎。拥有保存完好、色彩斑斓的羽毛并精力充沛地展示羽毛，能表明它们身体健康，拥有躲避捕食者的能力（没有伪装比有伪装要困难得多）。

颜色至少部分受基因控制，基因突变可以产生异常的颜色。这可能会减少鸟类的生存机会，但也可能解锁新的生存机遇，并最终走上新的演化道路。随着时间的推移，广布物种在不同的地区显示出轻微的颜色差异，以适应环境。例如，生活在高寒苔原地带的游隼（*Falco peregrinus*）比它们生活在南亚森林中的表亲更苍白。

两性异型

由于鸟类没有外生殖器，因此区分性别对我们来说非常困难（有时甚至对鸟类本身来说也是如此）。许多鸟类并没有明显的性别差异，观察者只能通过行为特征来分辨哪些是雄性，哪些是雌性。

然而，在许多其他物种中，不同性别的外观有显著差异，有时内部也显示出生殖系统结构之外的差异。在猛禽和鸮类中，雌性通常明显大于雄性。这种区别在那些捕食其他鸟类的物种中最为明显——雌性纹腹鹰（*Accipiter striatus*）可能是雄性的两倍重。这就实现了"生态位分离"——雌性比雄性捕食更大的鸟类，因此它们可以捕食更广泛的物种。在其他一些鸟类群体中，两性之间似乎存在着更微妙的饮食生态位分离。例如，取食花蜜的太阳鸟中，雄性和雌性消化不同种类糖分的效率不同，导致了不同的取食偏好。

在大多数鸟类中，雄性体型更大，尤其是那些雄性集体展示和争斗（求偶场求偶），以向围观雌性证明自己强健的物种。雌性大鸨（*Otis tarda*）的平均体重约为 4 千克，而雄性大鸨的体重通常高达 10 千克。在这样的物种中，雄性通常也更鲜艳，有更多的装饰，而雌性是单调的，因为它独自孵卵和照顾幼鸟，所以需要伪装。在一些物种中，这种角色是相反的，比如瓣蹼鹬，雌性色彩鲜艳，展示来吸引雄性，雄性颜色单调，独自负责孵化和养育雏鸟。

⌄ 鹗和大多数猛禽一样，雄性比雌性小，因为雌性的角色是在雄性为家人捕猎时保护巢穴免受危险

灵活的适应性

雄性鸣禽比雌性鸣唱更多，它们的大脑也相应地做出了调整：雄性大脑声音控制区域更大，而雌性大脑的声音感知区域则很发达。实际发声系统的解剖结构也可能不同，例如鸭类，雄性的鸣管比雌性的大，而在某些天堂鸟中，雄性拥有细长而盘绕的气管，以便发出响亮、有共鸣的叫声。

尾脂腺（见第 103 页）存在于大多数鸟类中，是尾脂的来源，它产生的分泌物具有性别特异性气味。无论哪种性别的鸟都可以仅凭尾脂的气味来区分雄性和雌性，甚至在那些被认为嗅觉不发达的鸣禽中也是如此。

在孵卵期间，鸟类形成孵卵斑，即腹部的一块皮肤会脱落羽毛，变得肿胀，血液供应更密集。孵卵斑在孵化过程中会将更多的体温传递给卵。因为在大多数物种中，是雌性承担大部分（如果不是全部）孵卵任务，孵卵斑通常是雌性的特征。

在某些物种中，繁殖季节以外的资源竞争可能导致两性的分布不同。在欧亚大陆的物种中，比如红头潜鸭（Aythya ferina）和苍头燕雀（Fringilla coelebs），体型稍小的雌性为了过冬被迫比雄性迁徙到更远的南方，导致一些地区出现单性别群体。

⌄ 雄性雀鹰（*Accipiter nisus*）体重不到 160 克，主要捕食麻雀大小的鸟类

⌃ 雌性雀鹰重约 260 克，它的猎物主要是鸽子大小的鸟类

色素类型及来源

色素是"真正的"颜色，是羽毛和皮肤分子结构的一部分。有些色素可以在体内自然形成，而另一些则不能，需要从饮食中摄取。

⌃ 雄性主红雀醒目的红色羽毛是由类胡萝卜素色素产生的

鸟类羽毛中最常见的色素是黑色素。这种色素有两种不同的形式——真黑色素和褐黑色素。有些鸟类只有真黑色素，而许多鸟类两种都有。真黑色素赋予羽毛黑色、深灰色和深棕色，而褐黑色素则表现出浅棕色和淡红色。旅鸫和欧亚鸲的颜色（它们都是深棕色的鸟，胸部是红色的）来自真黑色素和褐黑色素的结合。

黑色素分子是在黑色素细胞中产生的。这些细胞存在于鸟类的皮肤中，含有一种叫作黑色素体的特殊细胞器，用来构建、储存和运输黑色素分子。黑色素的形成依赖于酪氨酸酶，酪氨酸酶催化酪氨酸与氧气反应，然后进一步发生几个阶段的化学反应，最终形成黑色素分子。这些黑色素分子结合成更大的颗粒，可以包含两种类型的黑色素。这些颗粒被运输到正在生长的羽毛细胞中。除了赋予羽毛颜色外，黑色素还使羽毛更坚固，更耐磨损。这就是许多鸟类的飞羽尖端比其他部位颜色更深的原因——最显著的例子是翼尖黑色、而其余被羽为浅色的鸥。

⚊ 不那么鲜艳的红色，比如旅鸫胸部的颜色，可以由褐黑色素产生

随着时间的推移，羽毛的黑色素会褪色，从黑色变成灰色。其他色素不太容易褪色。

色彩的助推器

类胡萝卜素是另一类色素，可以产生亮黄色、橙色和红色调。它们存在于如主红雀（*Cardinalis Cardinalis*）和西黄鹡鸰（*Motacilla flava*）等鸟类中。类胡萝卜素产生于植物中，并传递给以这些植物为食的动物——大多数鸟类通过以植物为食的昆虫（如毛虫），获取类胡萝卜素。因为类胡萝卜素只能通过

这种方式获得，所以在同一物种中，类胡萝卜素产生的颜色鲜明度会有相当大的差异。欧亚大山雀的腹部是黄色的，鲜亮的黄色是健康的"真实信号"——它表明这只鸟营养良好，最鲜黄的鸟繁殖成功率最高。

黑色素和类胡萝卜素经常同时存在，产生令人眼花缭乱的效果。雄性橙胸林莺（*Setophaga fusca*）的羽毛呈现出一种引人注目的黑色和黄色的混合斑块，喉部呈强烈的橙色。当这两种色素沉积在同一根羽毛上时，也会产生深浅不一的绿色，就像我们在欧金翅雀（*Chloris chloris*）身上看到的那样。

第三类不太常见的色素，卟啉，是在体内由氨基酸合成的。它们会产生包括粉色和绿色在内的各种色调，但最引人注目的是在紫外线下发出明亮的红色。它们出现于蕉鹃、一些雉类、鸠鸽和鸮类中。

黑色的真黑色素和亮黄色的类胡萝卜素的结合在橙胸林莺身上产生了令人眼花缭乱的色彩布局

结构色

虹彩是光在具有特定结构的羽毛上相互作用而产生的。这些羽毛的颜色似乎会发生变化，通常是明亮的绿色、蓝色和紫罗兰色，这取决于光线的角度，但这是错觉——这些羽毛实际的色素沉着通常是黑色、灰色或棕色的黑色素。

在学校的科学课上，我们大多数人都见过一束白光照射到玻璃棱镜上，发生偏转并分解成彩色光，形成彩虹。这种光波"弯折"和分散的现象被称为折射。虹彩羽毛的工作原理与此类似。羽小枝中的角蛋白排列成皱折层，这些皱折层可以折射入射光线，将其分解成不同颜色的光。其中一些颜色的光被羽小枝的黑色素层吸收，而其他颜色的光则被反射回来，主要是波长较短的光（蓝色、紫色和绿色），但我们看到的颜色会随着我们的观察角度而不断变化。

另一种结构色是由光的散射而非折射产生的。这些羽毛有不同的结构，羽小枝上有一个由微小气腔组成的"海绵状"角蛋白层。这些气腔反射特定颜色的光。与虹彩一样，羽毛的底层色素是黑色素，其他颜色的光被黑色素层吸收。与虹彩不同的是，散射产生的颜色总是纯色调，并不一定具有光泽，尽管它在某些光线条件下看起来可以更"闪亮"。许多鸟类羽毛中的纯蓝色调都是通过散射产生的，例如雄性靛蓝彩鹀（*Passerina cyanea*），或是欧亚蓝山雀（*Cyanistes caeruleus*）的蓝色冠羽。

令人惊叹的颜色

地球上最令人惊叹的鸟类颜色呈现出色素色和结构色的结合。其中就有仙靓唐纳雀（*Tangara chilensis*），它那

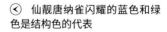
仙靓唐纳雀闪耀的蓝色和绿色是结构色的代表

⊙ 光散射的效果造就雄性靛蓝彩鹀深蓝色的羽毛

⊙ 多色苇霸鹟的颜色是由黑色素、类胡萝卜素和结构色共同形成的

灰绿色的脸部、深蓝色的喉部、天蓝色的腹部和鲜红色的臀部，在它乌黑的翼和尾的映衬下，呈现出令人惊叹的效果。多色苇霸鹟（*Tachuris rubrigastra*）不同于其霸鹟家族中大多数羽毛单调的亲戚，它的下体是耀眼的黄色，上体是鲜艳的绿色，有着闪耀虹彩辉光的亮蓝色脸颊和鲜红色的尾下覆羽。翠鸟是欧

洲最鲜艳的鸟类之一，它鲜艳的蓝色和深橙色色调是由黑色素与这两种结构色结合而成的。

结构色也存在于动物界的其他类群，尤其是某些甲虫和蝴蝶身上。和鸟类一样，最鲜艳的例子通常出现在热带森林地区，在幽暗的林下环境中，闪亮的颜色会脱颖而出。

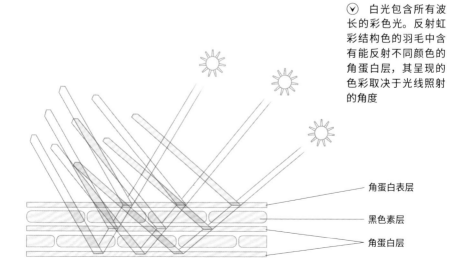

⊙ 白光包含所有波长的彩色光。反射虹彩结构色的羽毛中含有能反射不同颜色的角蛋白层，其呈现的色彩取决于光线照射的角度

角蛋白表层

黑色素层

角蛋白层

异常颜色

野外偶尔会出现颜色奇怪的鸟，这通常是由于随机的基因突变而产生的。此类个体很少能活到繁殖年龄并传递其基因，主要是因为它们缺乏天然的保护色。

当一根羽毛不含有黑色素或其他色素时，它通常会反射所有波长的光，因此看起来是纯白色的。基因突变会破坏黑色素的产生和沉积，这可能会影响鸟类全身的羽毛，或者只是部分羽毛。如果一只正常情况下只有黑色素的鸟，包括眼睛和其他裸露部分在内，完全失去了黑色素，那它会呈现白色，而眼睛、喙和腿呈粉红色，那它就是白化个体。鸟类的白化个体在野外很少见，可能是由于眼睛缺乏黑色素会损害其视力。眼睛正常、羽毛白色的鸟类要更常见，这通常被称为白变，如果只有部分羽毛受到影响则称为部分白变。

在其他情况下，鸟类羽毛中的黑色素可能会减少，使羽毛"褪色"。其他异常包括缺乏两种黑色素中的一种。在旅鸽中，缺乏褐黑色素会导致鸟的胸部呈灰白色而非红色，而缺乏真黑色素会导致鸟的胸部呈红色但其他部分呈白色。过多的黑色素会使鸟类的羽毛比正常情况下颜色更深（黑化）。

野生型虎皮鹦鹉（*Melopsittacus undulatus*）的绿色是蓝色结构色和黄色类胡萝卜素的结合。不能在羽毛中沉积黄色色素的虎皮鹦鹉呈蓝色，而脸呈白色；那些缺乏黑色素（结构色的光散射效应需要黑色素）的虎皮鹦鹉则呈现为纯黄色，称为"黄化"。从基因上讲，黄化和白化的本质是一样的——鸟儿完全失去了黑色素，但黄色不受影响，因为它来自类胡萝卜素。所有这些不同色型在圈养的虎皮鹦鹉身上都是自然突变产生的，然后由饲养者进行选育。

（◁）一只颜色正常的朱红霸鹟（*Pyrocephalus rubinus*）有着明亮的橙色和棕色羽毛

色彩和营养

　　鸟类有时会出现暂时性的色素沉着问题，这不是遗传原因，而是营养缺乏造成的。人工饲养的火烈鸟通常会从粉色褪成白色，因为人工饲料中类胡萝卜素含量太低，而这些鸟的类胡萝卜素来自于取食的虾类。英格兰的城镇中偶尔能看到野生小嘴乌鸦（*Corvus*

⌄ 黑化的朱红霸鹟在秘鲁的利马很常见——暗淡的羽毛使它们在这个严重污染的城市中拥有生存优势

⌄ 鸟类羽毛中最常见的一种异常是部分白变，即一些羽毛缺乏正常的色素沉着而呈白色

corone）的幼鸟初级飞羽中部有白色横带，这是由于它们在巢中饮食不够好，但在下次换羽之前，如果它们能吃得好，就会换上正常的羽毛。

　　鸟类饲养者通过给饲养金丝雀（*Serinus canaria domestica*）提供富含类胡萝卜素的饮食，为一些品种引入了新的颜色。在鸟的正常食物中添加高色素的食物，如胡萝卜和甜菜根，能产生明显的效果。这些"红色因子"金丝雀可以获得非常浓郁、丰富的橙色或红色，但这种颜色不能传递给后代。如果停止饲喂此类食物，鸟儿很快就会恢复正常的颜色。

伪装和错觉

　　虽然鲜艳的颜色也有它的作用，但许多鸟类都把隐身放在首位，把伪装变成了一种艺术形式，不管它们是在陆地上还是海上，都需要躲过捕食者或猎物的目光。

　　⊙ 丘鹬在森林的地面上觅食时很难被发现

　　在暴露的环境中筑巢或栖息的鸟类通常有非常精细和复杂的伪装斑纹。其中包括鸮类、夜鹰和丘鹬。它们的棕色、灰色和奶油色主要是由黑色素形成的。个别羽毛通常有深色的羽轴和深浅相间的横斑。鸮类胸部的羽毛通常有锯齿状的纵纹，类似于树皮上的裂缝。它们可以通过收紧羽毛和站直来夸大这种效果。具有耳羽簇的鸮类栖息于水平枝的中部时，就像折断的直立枝（见第80页）。

　　在地面筑巢的林鸟是单调而斑驳的，这为它们提供了保护色，破坏了身体的轮廓，使它们的"鸟形"不那么明显。然而，那些在树叶中觅食和筑巢的物种则通常是纯绿色的。在沙丘和荒漠等更开阔的栖息地筑巢的物种，羽毛颜色更浅、更平淡，呈沙色。剑鸻（*Charadrius hiaticula*）和它的亲戚们带深色条纹的浅棕色羽毛能让它们在石滩上隐身。几乎所有这些鸟的上体颜色都较深，而下体颜色较浅。从上方看时，这种"反向阴影"可以抵消下方的自然阴影，从而使得它们看起来不那么

◭ 剑鸻的羽毛具有粗黑的斑纹，但在石滩上，这有助于干扰并掩饰它们的轮廓

立体。

运动中的伪装更难实现，但在一些海鸟身上却能看到令人印象深刻的效果。鹱和许多其他海燕，以及某些种类的幼年鸥类，从上方看，其翅膀上显示出独特的深色"M"形折线斑纹。这种斑纹模仿了海面上的波纹，使得这种鸟从上方很难被发现，因此不太可能成为更大的掠食性海鸟的猎物。大多数海鸟的腹面是白色的，这使得它们在明亮的天空下飞行时，水下的猎物很难从下方发现它们。

许多在流水边觅食的鸟类都有黑白相间的图案，在水面上移动的影子的映衬下，它们的外形变得很模糊。一些鸟类采用独特的姿势来进行额外的伪装，如美洲麻鳽（*Botaurus lentiginosus*）和大麻鳽（*Botaurus stellaris*），它们是在苇丛中生活的鸟，当受到惊扰时，它的喙会向上扬，这样它利用喉上的纵纹就可以在芦苇的掩护下伪装自己。

欺骗的艺术

有些鸟的斑纹是用来欺骗而不是隐藏的。日鳽（*Eurypyga helias*）是一种土褐色的涉禽，当它展开翅膀时，它身上的斑纹就像两只巨大的眼睛——足以惊吓潜在的捕食者，让日鳽逃跑。许多小型鸮类的后脑上都有"假眼"样的斑纹，好显出它们同时在朝两个方向看，不会被跟踪。

◈ 日鳽张开翅膀显示出鲜明的大眼睛图案，暗示对手自己是一种更大的动物

装饰

看起来令人惊叹的鸟通常在外表上有精心设计的"附加部分"。孔雀巨大、多眼斑的扇子样尾巴，华丽军舰鸟（_Fregata magnificens_）猩红色的充气喉囊，甚至公鸡身上的鸡冠和肉垂，这些都是除了装饰之外没有明显功能的部分。

我们所熟知的大多数鸟类看起来都简单明了——体型流畅、羽色朴实。对于必须快速高效运动的动物来说，这是非常合理的。装饰物是潜在的负担。然而，一些鸟类确实背负着这些赘物，它们可能对生存造成明显的影响。雄性长尾巧织雀（_Euplectes progne_）细长的龙骨状尾羽长度是身体长度的两倍多——对于这种小鸟来说，这是一个巨大的额外负担，是飞行的障碍，也是捕食者很容易抓住的目标。

通常雄性鸟类拥有装饰物，这并非巧合，它们在求偶炫耀时利会用到这些装饰物。雄性长尾巧织雀从高草丛中高高跃起来吸引雌性，此时尾羽在空中形成独特的形状。在炫耀、打斗或像雌性集体展示时，雄性火鸡裸露的面部会变成鲜艳的蓝色、红色或明亮的白色，皮肤颜色的变化是由皮肤充血状态的变化引起的，影响到光线在皮肤表面折射的角度。

其他的装饰物还包括王绒鸭（_Somateria spectabilis_）喙基部被黑色轮廓衬托得更为醒目的黄色瘤状物；一些蜂鸟喉部细长鲜亮、

⌄ 雄性王绒鸭喙上装饰性的"瘤"在很远的距离上都很醒目

⊙ 雄性长尾巧织雀在跳跃表演中呈现出引人注目的形状

⊙ 激素的刺激使雄性火鸡的面部装饰物变成鲜艳的红色和蓝色

⊙ 雌雄白颈麦鸡（*Vanellus miles*）均有面部肉垂，但雄性的更突出

泛着虹彩光泽的羽毛（"胡须"），还有雄性伞鸟胸部垂下的长长的可充气的肉垂。园丁鸟与天堂鸟有亲缘关系，它们身上并没有装饰物，而是收集五颜六色的物品，用来装饰竞技场或巢状结构——它们的求偶亭。

雌性的选择，即性选择，是这些性状的驱动因素。任何能够背负极端累赘的装饰物并生存下来的雄性都必然非常健康，因此有强大的基因可以传递。装饰最精致的个体实际上也是最健康、最长寿的个体，有充足的资源匀给这些华而不实的装饰物。当然，如果这种选择压力对雄性身体的改造足以严重损害其生存机会，最极端的雄性会在繁殖之前死亡，所以自然选择最终会战胜性选择。

功能性装饰

在一些并非两性异型的物种中，也发现有明显的装饰物，包括冠羽和耳羽簇。然而，这些通常不是装饰性的，而是使鸟的轮廓不那么像鸟。来增强伪装效果。犀鸟上颌巨大的盔是另一个明显兼具装饰与实用功能的例子——它加强了鸣声的共振，并强化了喙，当犀鸟叼起水果或其他食物时，颌骨可以施加更大的压力。

裸区颜色

鸟类的颜色并不局限于羽毛。有些鸟类的面部皮肤、喙、眼睛、腿和脚都色彩丰富，甚至它们的口腔内侧也惊人的鲜艳。

许多羽色单调的鸟有色彩丰富的喙、腿，或者两者兼而有之。这些身体部位通常可以很容易地隐藏起来，例如，红脚鹬（ *Tringa totanus* ）在巢中会用羽毛覆盖它鲜红色的腿。因此，色彩鲜艳的裸露部分是一种低风险的向同类发出信号的方式。在那些腿和喙颜色鲜艳的物种中，最常见的颜色是红色、橙色和黄色。大多数鸥和燕鸥，尽管它们的羽色十分单调，但它们的喙或腿色彩鲜艳。它们呈现的颜色来自于饮食中的类胡萝卜素，就像含有类胡萝卜素的羽毛一样。因此，鲜艳程度是鸟类健康状况的可靠标志——那些颜色鲜艳的个体将是最能顺利地找到营养食物的鸟。

⊙ 北长尾山雀有着引人注目的粉红色眼睑，在不安时会变成更深的红色

在争夺领地的冲突中，它们往往会战胜不那么鲜艳的对手，并成为最受欢迎的繁殖伴侣，因为它们更有可能在这个季节存活下来，并照顾好幼鸟。

⊙ 厚嘴巨嘴鸟巨大的喙是采摘水果的工具，但也为鲜艳的色彩提供了画布

眼睛周围的皮肤也可能色彩鲜艳。北鲣鸟有醒目的亮蓝色眼圈，周围是黑色的裸皮，构成了一张令人印象深刻的脸。它们的亲戚，蓝脚鲣鸟（*Sula nebouxii*）和红脚鲣鸟（*Sula Sula*）的腿和脚颜色非常鲜艳。所有这些鸟都以精心设计的求偶炫耀而闻名，它们在求偶炫耀中展示自己色彩斑斓的裸露部位。

巨嘴鸟是生活在南美洲热带雨林中的群居鸟类，它们巨大的喙令人一见难忘，喙上的颜色和图案也都非常独特。以厚嘴巨嘴鸟（*Ramphastos sulfuratus*）为例，它具有绿色的喙，红色的喙尖，下喙有蓝色标记，沿着上喙有橙色条纹。它通体黑色，配上淡黄色的脸和喉胸部，整体颜色并不鲜艳。它的喙巨大但又非常轻巧，可以用来摘取挂在树枝头的水果，也是保持身体凉爽的关键（通过扩张血管降低体温）。但对于喙上引人注目的色彩组合，除了作为群体成员之间相互联系的视觉信号外，似乎没有什么特别的解释。

面部信号

一些面部具有裸皮的鸟类会根据自己的情绪改变皮肤的颜色，向同类发出视觉信号。当雄性火鸡异常兴奋，准备对抗对手时，它们的脸会从粉色变成蓝色或白色。北长尾山雀（*Aegithalos*

Ⓐ 在庄严的求偶舞蹈中，蓝脚鲣鸟要确保它的伴侣能清楚地看到它色彩鲜艳的脚

Ⓥ 北鲣鸟（*Morus bassanus*）在面对面轻击喙部的求偶炫耀中展示它们蓝色的眼圈

caudatus）在受到惊吓时，粉红色的眼睑会泛出更深的红色，这种小型鸟类以家庭群为单位一起游荡，成员之间不断进行声音和视觉交流。

术语表

ATP（三磷酸腺苷） 细胞线粒体中被分解以释放能量的分子

氨基酸 结合形成蛋白质的小分子

白细胞 白血球

表皮层 皮肤的外层

叉骨 鸟类愈合的锁骨

初级飞羽 着生在腕掌骨和指骨上的飞羽

雌激素 驱动雌性典型生理活动和行为的激素

次级飞羽 内侧的、较短的飞羽

大脑皮层 鸟类的大脑外层，涉及高级精神功能

蛋白 蛋清，或其中所含的蛋白质

动脉 输送血液离开心脏的血管

耳蜗 内耳感应声音的部分

发酵 通过细菌的作用使食物分解

发生盘 胚胎发育的卵区

飞羽 翅上的长羽

跗跖骨 愈合的踝骨，形成了鸟腿上最长的可见部分

睾酮 驱动雄性典型生理活动和行为的激素

睾丸 雄鸟产生精子的器官

骨骼肌 位于骨骼之间的肌肉组织，可以控制关节自主运动

黑色素 深色的色素

红细胞 红血球

虹膜 眼睛有颜色的部分，一块能让光线进入的括约肌

环志 用有独一数字的腿环标记鸟类个体

换羽 磨损的羽毛脱落，并长出替换的羽毛，通常每年一次

喙 颌或颌骨，由骨骼构成，有坚硬的角蛋白鞘

肌腱 肌肉末端的非常坚韧的纤维状胶原组织，与骨连接

激素 刺激特定细胞活动的分子，主要为蛋白质、多肽和固醇

胶原蛋白 存在于结缔组织中的蛋白质分子

角蛋白 存在于羽毛和皮肤中的蛋白质

结构色 由光的折射或散射而非色素产生的颜色

静脉 输送血液回到心脏的血管

括约肌 可以收缩或扩张的环形肌肉

类胡萝卜素 表现为黄色、橙色和红色的色素

淋巴 细胞之间的液体，由淋巴系统输送

淋巴细胞 参与获得性免疫反应的一种白细胞

鳞片 鸟腿和脚趾上坚硬的薄片

龙骨突 鸟类胸骨上突出的脊

卵巢 雌鸟产生鸟卵的器官

卵齿 雏鸟喙尖临时生长的坚硬齿状物，用来敲开蛋壳

卵带 蛋黄周围扭曲成股，起支撑作用的蛋白质层

裸区 在羽区之间裸露的皮肤区域

麻痹状态 代谢活动大大减少的状态

毛细血管 组织中微小的半多孔血管

毛羽 毛状的小羽毛，用来感知触觉

酶 加速特定反应的生物催化剂，如帮助分解食物的消化酶

鸣唱 鸟为寻找配偶和宣示领地所有权而发出的声音

鸣管 鸟类的发声器官，位于气管的基部

鸣叫 鸟为交流而发出的简单声音

磨损 羽毛使用带来的的损伤

尿囊 胚胎的外部循环系统

配子 性细胞（精子或卵子）

平滑肌 排列在一些内脏器官和血管上的肌肉组织，可以无意识地收缩

蹼　趾间的薄皮肤

气管　连接肺部和口腔的管道

气囊　一系列膜质囊状结构

气室　卵内部充满空气的空隙

前胃　鸟胃的第一部分

趋同演化　两种没有血缘关系的动物由于相似的生活方式而具有相似的解剖结构和生理功能

染色体　细胞核中成对的 DNA 链

韧带　连接不同骨头的结缔组织

软骨　坚韧而不灵活的结缔组织

色素　赋予羽毛和其他组织颜色的分子

砂囊　肌肉质的消化器官，用于磨碎食物

上喙　喙的上部，由上颌和鼻孔构成

神经元　神经细胞

生态位　能够支持特定物种的特定环境及其资源

十二指肠　小肠的第一段

食虫类　主要或只以昆虫和其他小型无脊椎动物为食的动物

蚀羽　某些雄鸟在换羽时呈现的暗淡羽色

视网膜　眼球后部的膜，包含感光的视杆细胞和视锥细胞

适应性辐射　一个物种随着时间的推移而分化为许多物种，通常是因为有新的生态位可以利用

兽脚亚目　两腿行走的恐龙，其中部分种类长有羽毛

梳理　用喙清洁并复位羽毛

输卵管　雌性生殖的通道

四足动物　有四肢的脊椎动物

嗉囊　鸟类消化道的第一部分，储存和软化食物的地方

体被　身体外侧的保护层（皮肤、羽毛、喙等）

吞噬细胞　通过吞噬病原体而起作用的白细胞

唾余　压紧的难以消化的食物残渣，在进食后被吐出

尾覆羽　尾基部的短羽

尾羽　尾上的长羽

尾脂腺　尾基部的腺体，产生油脂

尾脂腺油脂　由尾脂腺分泌，用于护理羽毛

尾综骨　鸟类愈合的尾椎骨

细胞器　细胞内的独立结构

下颌骨　下颌

线粒体　细胞中产生能量的细胞器

腺体　分泌激素或其他物质的器官

小动脉　从动脉分支出来的小血管

小静脉　连接静脉的小血管

小翼　翅膀的"拇指"

泄殖腔　用于交配和排泄的开口

胸肌　鸟类胸部驱动扑翅的肌肉

炫耀　夸张的仪式化动作，用于恐吓对手和吸引配偶

血浆　血液中的液体成分

羊膜动物　将卵产在陆地上，或者留在母体内孵化的动物

翼覆羽　覆盖翅膀靠内部分的较短的羽毛

翼膜　前肢上的薄膜，用于滑翔或飞行（如蝙蝠）

羽干　羽毛的主轴

羽片　正羽的主要部分，其中的羽枝连接在一起形成一个连续的、抗风的表面

羽区　大小相近的羽毛组成的羽毛组，并与其他组相分离

羽小枝　羽枝的侧枝

羽枝　羽毛的侧枝

真皮层　表皮下的皮肤层

正羽　覆盖身体主要部分的羽毛

脂肪酸　形成脂肪的小分子

稚后换羽　幼鸟的第一次换羽，以替代它们的稚羽

索引

A

阿根廷鸟 13
氨基酸 100, 127, 137, 201

B

B 淋巴细胞 104–105
白变 17, 204
白化 204
白细胞 101, 104
斑头雁 108–109
斑塚雉 159
半规管 91
瓣蹼鹬 198
胞体 74–75
奔跑 50, 113
鼻甲 86
蝙蝠 9, 14, 48, 49, 63, 115
表皮层 188
滨鸟 / 鸻鹬类 61, 87–88, 116
髋骨 35
并趾型 35
玻璃状液 78
卟啉 201
捕食 50–51, 85, 128, 133, 134, 170–171, 173, 196
　捕食与岛屿特有种 16, 17
　捕食与味觉 88
　捕食与眼的结构 82
　也可参见伪装
不等趾型 35
不会飞的鸟类 3, 12–13, 15, 16–17, 36, 42, 54, 97, 104
　也可参见鸵鸟

C

叉骨（愿骨） 10

查岛鸲鹟 161
查尔斯·达尔文 18
肠道细菌 130, 131
巢寄生 154–155
成骨细胞 38–39
驰鸟 12
尺骨 32
翅（翼） 参见羽毛
　翅膀骨骼 27, 32–33, 166
　翅膀肌肉 42, 46–47
　翅膀拍打声 117
　翼覆羽 180–181
　翼爪 4, 37
出雏 166, 169, 170–171, 172, 176
雏鸟
　雏鸟的成长 174–175
　雏鸟的特殊结构 176–177
　雏鸟的喂食 131, 134, 144
　晚成雏 161, 166, 172–174, 176–177, 180
　早成雏 145, 166, 172–173, 175–177
触觉 88–89
传出神经 60, 72
传入神经 60, 72
喘气 120, 187
磁层 90
磁场 92–93
雌激素 103, 146–147
雌性选择 197, 209
雌雄间体 147
促黑素 102–103
促黄体生成素 102, 146–147
促甲状腺激素 102
促卵泡激素 102, 147
促肾上腺皮质激素 102
促性腺激素释放激素 146
催乳素 102

D

大鸨 198
大脑皮层 65, 67
单核细胞 39
胆管 138
胆囊 125, 127, 128
胆汁 125, 127
蛋白 152, 157, 167
蛋白酶 126–127
蛋壳 152, 157, 167, 168, 171, 176
岛屿巨人症 16–17
岛屿特有种 16–17
淀粉酶 126, 127
调理素 139
动脉 94, 98–99
动眼神经 72
窦房结 96
窦状毛细血管 99
杜鹃 154–155
对趾型 35
多配偶制 145
多样性中心 28–29

E

鹗 35, 133, 173
耳 84–85
　耳覆羽 85
　耳石器官 91
　耳蜗 84, 148
　耳羽簇 205, 209
　前庭系统 85, 91
二头肌 46–47

F

发酵 130, 133

图片出处说明